· 应用型系列教材 ·

电工技能实训项目教程

战金玉　王家明　赵金杰　主　编

孙巧妍　高月珍　高树贤　副主编

电子工业出版社

Publishing House of Electronics Industry

北京 · BEIJING

内 容 简 介

本书根据普通高等学校电工实训类课程的教学要求，配合全面深化高等学校教育教学改革而编写。全书共分 8 章，内容包括安全用电、电工工具和导线连接、电工仪表与测量、室内电气照明和线路安装、常用低压电器、电动机的检修和控制、电气控制线路安装调试和机床电气线路维修。本书内容和难易程度涵盖了不同层次的需求，各任课教师可根据实际需要选用。

本书可作为普通高等学校和各类成人教育工程类专业学生的教材，还可作为从事电类专业的相关工程技术人员的参考用书。

图书在版编目（CIP）数据

电工技能实训项目教程 / 战金玉，王家明，赵金杰主编. —北京：电子工业出版社，2017.8

ISBN 978-7-121-30694-5

Ⅰ. ①电… Ⅱ. ①战… ②王… ③赵… Ⅲ. ①电工技术—高等学校—教材 Ⅳ. ①TM

中国版本图书馆 CIP 数据核字（2016）第 312933 号

策划编辑：朱怀永
责任编辑：胡辛征
印　　刷：北京虎彩文化传播有限公司
装　　订：北京虎彩文化传播有限公司
出版发行：电子工业出版社
　　　　　北京市海淀区万寿路 173 信箱　邮编　100036
开　　本：787×1 092　1/16　印张：9.75　字数：264 千字
版　　次：2017 年 8 月第 1 版
印　　次：2023 年 6 月第 7 次印刷
定　　价：25.80 元

凡所购买电子工业出版社图书有缺损问题，请向购买书店调换。若书店售缺，请与本社发行部联系，联系及邮购电话：（010）88254888，（010）88258888。

质量投诉请发邮件至 zlts@phei.com.cn，盗版侵权举报请发邮件至 dbqq@phei.com.cn。

本书咨询联系方式：（010）88254608，zhy@phei.com.cn。

序——加快应用型本科教材建设的思考

一、应用型高校转型呼唤应用型教材建设

教学与生产脱节，很多教材内容严重滞后现实，所学难以致用。这是我们在进行毕业生跟踪调查时经常听到的对高校教学现状提出的批评意见。由于这种脱节和滞后，造成很多毕业生及其就业单位不得不花费大量时间"补课"，既给刚踏上社会的学生无端增加了很大压力，又给就业单位白白增添了额外培训成本。难怪学生抱怨"专业不对口，学非所用"，企业讥讽"学生质量低，人才难寻"。

2010 年，我国《国家中长期教育改革和发展规划纲要（2010-2020 年）》指出：要加大教学投入，重点扩大应用型、复合型、技能型人才培养规模。2014 年，《国务院关于加快发展现代职业教育的决定》进一步指出：要引导一批普通本科高等学校向应用技术类型高等学校转型，重点举办本科职业教育，培养应用型、技术技能型人才。这表明国家已发现并着手解决高等教育供应侧结构不对称问题。

转型一批到底是多少？据国家教育部披露，计划将 600 多所地方本科高校向应用技术、职业教育类型转变。这意味着未来几年我国将有 50%以上的本科高校（2014 年全国本科高校 1202 所）面临应用型转型，更多地承担应用型人才，特别是生产、管理、服务一线急需的应用技术型人才的培养任务。应用型人才培养作为高等教育人才培养体系的重要组成部分，已经被提上我国党和国家重要的议事日程。

军马未动、粮草先行。应用型高校转型要求加快应用型教材建设。教材是引导学生从未知进入已知的一条便捷途径。一部好的教材是既是取得良好教学效果的关键因素，又是优质教育资源的重要组成部分。它在很大程度上决定着学生在某一领域发展起点的远近。在高等教育逐步从"精英"走向"大众"直至"普及"的过程中，加快教材建设，使之与人才培养目标、模式相适应，与市场需求和时代发展相适应，已成为广大应用型高校面临并亟待解决的新问题。

烟台南山学院作为大型民营企业南山集团投资兴办的民办高校，与生俱来就是一所应用型高校。2005 年升本以来，其依托大企业集团，坚定不移地实施学校地方性、应用型的办学定位。坚持立足胶东，着眼山东，面向全国；坚持以工为主，工管经文艺协调发展；坚持产教融合、校企合作，培养高素质应用型人才。初步形成了自己校企一体、实践育人的应用型办学特色。为加快应用型教材建设，提高应用型人才培养质量，今年学校推出的包括"应用型本科系列教材"在内的"百部学术著作建设工程"，可以视为南山学院升本 10 年来教学改革经验的初步总

结和科研成果的集中展示。

二、应用型本科教材研编原则

编写一本好教材比一般人想象的要难得多。它既要考虑知识体系的完整性，又要考虑知识体系如何编排和建构；既要有利于学生学，又要有利于教师教。教材编得好不好，首先取决于作者对教学对象、课程内容和教学过程是否有深刻的体验和理解，以及能否采用适合学生认知模式的教材表现方式。

应用型本科作为一种本科层次的人才培养类型，目前使用的教材大致有两种情况：**一是借用传统本科教材**。实践证明，这种借用很不适宜。因为传统本科教材内容相对较多，理论阐述繁杂，教材既深且厚。更突出的是其忽视实践应用，很多内容理论与实践脱节。这对于没有实践经验，以培养动手能力、实践能力、应用能力为重要目标的应用型本科生来说，无异于"张冠李戴"，严重背离了教学目标，降低了教学质量。**二是延用高职教材**。高职与应用型本科的人才培养方式接近，但毕竟人才培养层次不同，它们在专业培养目标、课程设置、学时安排、教学方式等方面均存在很大差别。高职教材虽然也注重理论的实践应用，但"小才难以大用"，用低层次的高职教材支撑高层次的本科人才培养，实属"力不从心"，尽管它可能十分优秀。换句话说，应用型本科教材贵在"应用"二字。它既不能是传统本科教材加贴一个应用标签，也不能是高职教材的理论强化，其应有相对独立的知识体系和技术技能体系。

基于这种认识，我以为研编应用型本科教材应遵循三个原则：**一是实用性原则**。即教材内容应与社会实际需求相一致，理论适度、内容实用。通过教材，学生能够了解相关产业企业当前的主流生产技术、设备、工艺流程及科学管理状况，掌握企业生产经营活动中与本学科专业相关的基本知识和专业知识、基本技能和专业技能。以最大限度地缩短毕业生知识、能力与产业企业现实需要之间的差距。烟台南山学院研编的《应用型本科专业技能标准》就是根据企业对本科毕业生专业岗位的技能要求研究编制的基本文件，它为应用型本科有关专业进行课程体系设计和应用型教材建设提供了一个参考依据。**二是动态性原则**。当今社会科技发展迅猛，新产品、新设备、新技术、新工艺层出不穷。所谓动态性，就是要求应用型教材应与时俱进，反映时代要求，具有时代特征。在内容上应尽可能将那些经过实践检验成熟或比较成熟的技术、装备等人类发明创新成果编入教材，实现教材与生产的有效对接。这是克服传统教材严重滞后生产、理论与实践脱节、学不致用等教育教学弊端的重要举措，尽管某些基础知识、理念或技术工艺短期内并不发生突变。**三是个性化原则**。即教材应尽可能适应不同学生的个体需求，至少能够满足不同群体学生的学习需要。不同的学生或学生群体之间存在的学习差异，显著地表现在对不同知识理解和技能掌握并熟练运用的快慢及深浅程度上。根据个性化原则，可以考虑在教材内容及其结构编排上既有所有学生都要求掌握的基本理论、方法、技能等"普适性"内容，又有满足不同的学生或学生群体不同学习要求的"区别性"内容。本人以为，以上原则是研编应用型本科教材的特征使然，如果能够长期得到坚持，则有望逐渐形成区别于研究型人才培养的应用型教材体系特色。

三、应用型本科教材研编路径

1. 明确教材使用对象

任何教材都有自己特定的服务对象。应用型**本科**教材不可能满足各类不同高校的教学需求，其主要是为我国新建的包括民办高校在内的本科院校及应用技术型专业服务的。这是因为：近10多年来我国新建了600多所本科院校（其中民办本科院校420所，2014年）。这些本科院校大多以地方经济社会发展为其服务定位，以应用技术型人才为其培养模式定位。它们的学生毕业后大部分选择企业单位就业。基于社会分工及企业性质，这些单位对毕业生的实践应用、技能操作等能力的要求普遍较高，而不刻意苛求毕业生的理论研究能力。因此，作为人才培养的必备条件，高质量应用型本科教材已经成为新建本科院校及应用技术类专业培养合格人才的迫切需要。

2. 加强教材作者选择

突出理论联系实际，特别注重实践应用是应用型本科教材的基本质量特征。为确保教材质量，严格选择教材研编人员十分重要。其基本要求：**一是**作者应具有比较丰富的社会阅历和企业实际工作经历或实践经验。这是研编人员的阅历要求。不能指望一个不了解社会、没有或缺乏行业企业生产经营实践体验的人，能够写出紧密结合企业实际、实践应用性很强的篇章；**二是**主编和副主编应选择长期活跃于教学一线、对应用型人才培养模式有深入研究并能将其运用于教学实践的教授、副教授等专业技术人员担纲。这是研编团队的领导人要求。主编是教材研编团队的灵魂。选择主编应特别注意理论与实践结合能力的大小，以及"研究型"和"应用型"学者的区别；**三是**作者应有强烈的应用型人才培养模式改革的认可度，以及应用型教材编写的责任感和积极性。这是写作态度的要求。实践中一些选题很好却质量平庸甚至低下的教材，很多是由于写作态度不佳造成的；**四是**在满足以上三个条件的基础上，作者应有较高的学术水平和教材编写经验。这是学术水平的要求。显然，学术水平高、教材编写经验丰富的研编团队，不仅可以保障教材质量，而且对教材出版后的市场推广将产生有利的影响。

3. 强化教材内容设计

应用型教材服务于应用型人才培养模式的改革。应以改革精神和务实态度，认真研究课程要求、科学设计教材内容，合理编排教材结构。其要点包括：

（1）缩减理论篇幅，明晰知识结构。 编写应用型教材应摒弃传统研究型人才培养思维模式下重理论、轻实践的做法，确实克服理论篇幅越来越多、教材越编越厚、应用越来越少的弊端。一是基本理论应坚持以必要、够用、适用为度。在满足本学科知识连贯性和专业课需要的前提下，精简推导过程，删除过时内容，缩减理论篇幅；二是知识体系及其应用结构应清晰明了、符合逻辑，立足于为学生提供"是什么"和"怎么做"；三是文字简洁，不拖泥带水，内容编排留有余地，为学生自我学习和实践教学留出必要的空间。

（2）**坚持能力本位，突出技能应用**。应用型教材是强调实践的教材，没有"实践"、不能让学生"动起来"的教材很难产生良好的教学效果。因此，教材既要关注并反映职业技术现状，以行业企业岗位或岗位群需要的技术和能力为逻辑体系，又要适应未来一定期间内技术推广和职业发展要求。在方式上应坚持能力本位、突出技能应用、突出就业导向；在内容上应关注不同产业的前沿技术、重要技术标准及其相关的学科专业知识，把技术技能标准、方法程序等实践应用作为重要内容纳入教材体系，贯穿于课程教学过程的始终，从而推动教材改革，在结构上形成区别于理论与实践分离的传统教材模式，培养学生从事与所学专业紧密相关的技术开发、管理、服务等必须的意识和能力。

（3）**精心选编案例，推进案例教学**。什么是案例？案例是真实典型且含有问题的事件。这个表述的涵义：第一，案例是事件。案例是对教学过程中一个实际情境的故事描述，讲述的是这个教学故事产生、发展的历程；第二，案例是含有问题的事件。事件只是案例的基本素材，但并非所有的事件都可以成为案例。能够成为教学案例的事件，必须包含有问题或疑难情境，并且可能包含有解决问题的方法。第三，案例是典型且真实的事件。案例必须具有典型意义、能给读者带来一定的启示和体会。案例是故事但又不完全是故事。其主要区别在于故事可以杜撰，而案例不能杜撰或抄袭。案例是教学事件的真实再现。

案例之所以成为应用型教材的重要组成部分，是因为基于案例的教学是向学生进行有针对性的说服、思考、教育的有效方法。研编应用型教材，作者应根据课程性质、课程内容和课程要求，精心选择并按一定书写格式或标准样式编写案例，特别要重视选择那些贴近学生生活、便于学生调研的案例。然后根据教学进程和学生理解能力，研究在哪些章节，以多大篇幅安排和使用案例。为案例教学更好地适应案例情景提供更多的方便。

最后需要说明的是，应用型本科作为一种新的人才培养类型，其出现时间不长，对它进行系统研究尚需时日。相应的教材建设是一项复杂的工程。事实上从教材申报到编写、试用、评价、修订，再到出版发行，至少需要 3~5 年甚至更长的时间。因此，时至今日完全意义上的应用型本科教材并不多。烟台南山学院在开展学术年活动期间，组织研编出版的这套应用型本科系列教材，既是本校近 10 年来推进实践育人教学成果的总结和展示，更是对应用型教材建设的一个积极尝试，其中肯定存在很多问题，我们期待在取得试用意见的基础上进一步改进和完善。

2016 年国庆前夕于龙口

前　　言

电工技能实训是一门实践性很强的课程，承担着服务专业、培养学生实践能力的任务。本书根据普通高等学校电气实训类课程的教学要求，配合全面深化高等学校教育教学改革而编写。

本书的主要特点是知识与技能相互配合。本书精选从事电工技术所必需的知识，合理确定学生应具备的能力结构与知识结构，准确把握教材的深度和难度，注重理论与实践相结合，突出实践能力，兼顾设计能力，立足于培养应用技术型人才。书中采用"理实一体化"教学模式组织内容，尽可能使用图形、图片或表格形式将知识点生动形象地展示出来，力求给学生营造一个更加直观的认知环境，提高学习兴趣和训练效率，提高分析和解决问题的能力，为培养创新能力和社会工作能力奠定良好基础。

本书条理清晰，语言通俗易懂、具有较强的可读性和实用性。

本书由烟台南山学院电气与电子工程系的教师在总结多年实践教学经验的基础上编写而成。战金玉、王家明、赵金杰任主编，孙巧妍、高月珍、高树贤任副主编。高月珍编写第 1、2 章，孙巧妍、荆平编写第 3 章，赵金杰、王家明编写第 4 章，高树贤、荆蕾编写第 5 章，战金玉编写第 6、7、8 章。高贯祥、乔玉新、朱广冕、孙艳波、刘秀莲、王玮、李敏等老师也参与了本书的编写。全书由战金玉统稿和审定。

在本书编写过程中，作者参阅了大量的相关规范、图册、手册、教材等技术资料，在此向原作者表示衷心感谢！

由于教材知识覆盖面广，所涉及的标准、规范较多，加之编者水平有限，书中难免有疏漏和不妥之处，敬请批评指正。

编者于烟台南山学院

目　　录

第1章　安全用电 ·· 1

1.1　安全用电常识和救护训练 ·· 1

　　1.1.1　电流对人体的危害和触电形式 ································· 1

　　1.1.2　触电急救知识 ··· 5

　　1.1.3　训练触电者脱离电源 ··· 7

1.2　电气防火防爆防雷 ·· 9

　　1.2.1　电气防火常识 ··· 9

　　1.2.2　电气防爆常识 ·· 10

　　1.2.3　电气防雷常识 ·· 11

1.3　接地与接零 ·· 14

第2章　电工工具和导线连接 ·· 16

2.1　常用电工工具使用 ··· 16

　　2.1.1　验电器的使用 ·· 16

　　2.1.2　螺钉旋具的使用 ·· 19

　　2.1.3　钢丝钳和尖嘴钳的使用 ······································· 20

　　2.1.4　常用导线绝缘层的剖削工具 ··································· 22

2.2　导线连接和绝缘层的恢复 ·· 26

　　2.2.1　导线连接 ··· 26

　　2.2.2　导线绝缘层的恢复 ·· 29

第3章　电工仪表与测量 ·· 32

3.1　电工仪表常识 ·· 32

3.2　电流表与电压表 ·· 34

3.3　万用表 ··· 37

　　3.3.1　指针式万用表 ·· 37

　　3.3.2　数字式万用表 ·· 43

3.4　钳形电流表 ·· 46

3.5　兆欧表 ··· 48

3.6　功率表 ··· 51

3.7　电度表 ··· 53

第 4 章　室内电气照明和线路安装 ·· 57

　4.1　照明与配电线路安装 ··· 57

　　4.1.1　照明灯具安装训练 ··· 57

　　4.1.2　配电板及插座安装 ··· 59

　4.2　室内配电线路布线 ··· 61

　　4.2.1　室内配电线路布线训练 ·· 61

　　4.2.2　漏电保护器的安装 ··· 63

第 5 章　常用低压电器 ·· 66

　5.1　开关电器 ··· 66

　5.2　主令电器 ··· 70

　5.3　接触器 ··· 74

　5.4　继电器 ··· 78

　5.5　低压电器的测量 ··· 83

第 6 章　电动机的检修与控制 ·· 84

　6.1　电动机的认知和检修 ··· 84

　　6.1.1　电动机的认知和使用 ··· 84

　　6.1.2　拆装三相异步电动机 ··· 88

　6.2　三相笼形异步电动机控制线路 ··· 91

　　6.2.1　点动和连续运转控制线路 ··· 91

　　6.2.2　电动机降压启动控制线路 ··· 97

　　6.2.3　三相异步电动机的能耗制动 ·· 100

　　6.2.4　双速电动机启动控制线路 ·· 101

　　6.2.5　设计电动机顺序控制线路 ·· 103

第 7 章　电气控制线路安装与调试 ··· 104

　7.1　电气控制系统图 ·· 104

　　7.1.1　电气原理图 ··· 104

　　7.1.2　电气布置图和接线图 ··· 105

　　7.1.3　元件明细表和选择电器元件 ·· 107

　7.2　电气控制线路安装与调试 ··· 109

　　7.2.1　电气控制线路安装技术 ··· 109

　　7.2.2　电气控制系统的调试 ··· 112

　　7.2.3　线槽配线训练 ··· 114

第 8 章　机床电气线路维修 ·· 115

8.1　机床电气线路故障及排除方法 ·· 115

8.2　CA6140 型车床电气维修 ··· 116

8.2.1　CA6140 型车床结构和电气控制 ··································· 116

8.2.2　CA6140 型车床电气运行操作 ······································ 118

8.2.3　CA6140 型车床电气线路故障排除 ································ 119

8.3　X62W 型铣床电气维修 ·· 122

8.3.1　X62W 型铣床结构及运动形式 ····································· 122

8.3.2　X62W 型铣床电气线路分析 ·· 123

8.3.3　X62W 型铣床电气运行操作 ·· 128

8.3.4　X62W 型铣床电气线路故障排除 ·································· 129

8.4　M1432 型磨床电气维修 ·· 133

8.4.1　M1432 型外圆磨床结构和电气控制 ······························ 133

8.4.2　M1432 型外圆磨床电气运行操作 ·································· 137

8.4.3　M1432 型外圆磨床电气线路故障排除 ···························· 137

参考文献 ·· 141

第1章　安全用电

电与国民经济及人民生活密切相关。为了安全合理地使用电能，除需要熟悉电的特性、掌握电的规律外，还必须能掌握安全用电的常识，必须牢记"安全第一"宗旨，做到安全合理用电，避免用电事故的发生。

1.1　安全用电常识和救护训练

1.1.1　电流对人体的危害和触电形式

在意外情况下，人体与带电体相接触，导致电流通过人体，或者有较大的电弧烧到人体外表，称为触电。

1. 触电种类

触电事故对人体造成的直接伤害主要有电击和电伤两类。

（1）电击

电击是指电流通过人体时所造成的内伤。当电流通过人体时，轻者使人体肌肉痉挛，内部组织损伤，产生麻电感觉；重者会造成呼吸困难，心脏麻痹，甚至死亡。

通常所说的触电多指电击，触电死亡中绝大部分系电击造成的。

（2）电伤

电伤是指电弧对人体外表造成的伤害，主要是由电弧在人体局部产生的热效应、光效应，致使人体外表局部造成的伤害，如电弧伤、电灼伤、烙伤、皮肤金属化等。

电弧伤是电流通过空气介质，或者电路短路时产生强大的弧光和火花致伤，电流没有通过机体。弧光温度达 2000～3000℃，但持续时间短，因此一般为二度烧伤（若衣着烧燃，未能及时灭火、脱衣，可加重烧伤程度，成为三度烧伤）。

电灼伤由于热力作用于身体，引起局部组织损伤，并通过受损的皮肤、黏膜组织导致全身病理生理改变。

电烙伤是指由于电流的机械效应或化学效应，而造成人体触电部位的外部伤痕，如皮肤表面的肿块等。

2．触电方式

（1）单相触电

由于电线绝缘破损、导线金属部分外露、导线或电气设备受潮等原因使其绝缘部分的能力降低，导致站在地上的人体直接或间接与火线接触，这时电流就通过人体流入大地而造成单相触电事故，如图1.1所示。

图1.1　单相触电

（2）两相触电

两相触电是指人体同时触及两相电源或两相带电体，电流由一相经人体流入另一相，这时加在人体上的最大电压为线电压，其危险性最大。两相触电如图1.2所示。

图1.2　两相触电

（3）跨步电压触电

对于外壳接地的电气设备，当绝缘损坏而使外壳带电，或者导线断落发生单相接地故障时，电流由设备外壳经接地线、接地体（或由断落导线经接地点）流入大地，向四周扩散。如果此时人站立在设备附近地面上，两脚之间也会承受一定的电压，称为跨步电压。跨步电压的大小与接地电流、土壤电阻率、设备接地电阻及人体位置有关。当接地电流较大时，跨步电压会超过允许值，发生人身触电事故。特别是在发生高压接地故障或雷击时，会产生很高的跨步电压，如图1.3所示。跨步电压触电也是危险性较大的一种触电方式。

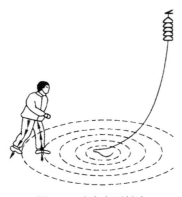

图 1.3 跨步电压触电

此外，除以上三种触电形式外，还有感应电压触电、剩余电荷触电等。

3．影响触电伤害程度的因素

电流对人体伤害的严重程度一般与通过人体电流的大小、时间、部位、频率和触电者的身体状况有关。流过人体的电流越大，危险越大；电流通过人体脑部和心脏时最为危险；工频电流危害要大于直流电流。不同电流对人体的影响如表 1.1 所示。

表 1.1 不同电流对人体的影响

电流/mA	通电时间	工频电流	直流电流
		人体反应	
0～0.5	连续通电	无感觉	无感觉
0.6～5	连续通电	有麻刺感	无感觉
6～10	数分钟以内	痉挛、剧痛、但可摆脱电源	有针刺感、压迫感及灼热感
11～30	数分钟以内	迅速麻痹、呼吸困难、血压升高不能摆脱电流	压痛、刺痛、灼热感强烈，并伴有抽筋
31～50	数秒钟到数分钟	心跳不规则、昏迷、强烈痉挛、心脏开始颤动	感觉强烈、剧痛，并伴有抽筋
50～300	50～80min	呼吸麻痹，心室开始颤动	剧痛、强烈痉挛、呼吸困难或麻痹
	90min 以上	有生命危险或致命危险	

（1）电流的大小

① 感知电流。当流过成年人体的电流为 0.7～1mA 时，便能够被感觉到，称之为感知电流。虽然感知电流一般不会对人体造成伤害，但是随着电流的增大，人体反应变得强烈，可能造成坠落事故。

② 摆脱电流。触电后能自行摆脱的最大电流称为摆脱电流。对于成年人而言，摆脱电流约在 15mA 以下，摆脱电流被认为是人体只在较短时间内可以忍受而一般不会造成危险的电流。

③ 致命电流。在较短时间内会危及生命的最小电流称为致命电流。当通过人体的电流达到 50mA 以上时则有生命危险。

（2）频率

一般认为 40～60Hz 的交流电对人体最危险。随着频率的增加，危险性将会降低，对人体的伤害程度也会减小。

（3）通电时间

通电时间越长，触电的危险性也随之增加。

（4）电流路径

电流从左手到右脚通过胸部是最危险的电流路径。因为人体的心脏位于左胸腔内。

（5）人体电阻

人体电阻越小，触电伤害程度越严重。人体电阻平均为 $1700\sim2000\Omega$，计算时通常取 $800\sim1000\Omega$。皮肤潮湿会降低人体电阻。

（6）电压

人体接触的电压越高，通过人体的电流就越大，从而对人体的伤害程度就越严重。

4．安全电流和安全电压

（1）安全电流

一般情况下，人体能够承受的安全电压为 36V，安全电流为 10mA。一般情况下，30mA 以下的电流通常在短时间内不会造成生命危险，在有防止触电保护装置的情况下，人体允许通过的电流一般可按 30mA 考虑。

根据应用场所的不同，漏电保护器的动作电流也不同。

① 10～16mA 的漏电保护器开关应用于医院、手术室、病床。

② 30mA 的漏电保护器开关应用于人身触电防护，也就是普通民宅。

③ 100mA 漏电保护器开关应用于信号基站。

④ 300～500mA 漏电保护器开关是应用于加油站等易燃易爆场所的火灾防护的。

（2）安全电压

根据生产和作业场所的特点，采用相应等级的安全电压，是防止发生触电伤亡事故的根本性措施。国家标准《安全电压》（GB3805—1983）规定我国安全电压额定值的等级为 42V、36V、24V、12V 和 6V，应根据作业场所、操作员条件、使用方式、供电方式、线路状况等因素选用。例如，特别危险环境中使用的手持电动工具应采用 42V 安全电压；有电击危险环境中使用的手持照明灯和局部照明灯应采用 36V 或 24V 安全电压；金属容器内、特别潮湿处等特别危险环境中使用的手持照明灯应采用 12V 安全电压；水下作业等场所应采用 6V 安全电压。

5．电工安全作业操作规程

电工安全作业操作规程一般规定如下。

（1）电工属于特种作业人员，必须经当地相关政府主管部门统一考试合格后，核发全国统一的"特种作业人员操作证"，方准上岗作业，并且证件每三年复审 1 次，证件的有效期为 6 年。

（2）电工作业必须两人同时作业，一人作业，一人监护。

（3）在全部停电或部分停电的电气线路（设备）上工作时，必须将设备（线路）断开电源，并对可能送电的部分及设备（线路），采取防止突然串电的措施，必要时应做短路线保护。

（4）检修电气设备（线路）时，应先将电源切断，（拉断刀闸，取下保险）把配电箱锁好，并挂上"有人工作，禁止合闸"警示牌，或者派专人看护。

（5）所有绝缘检验工具，应妥善保管，严禁他用，存放在干燥、清洁的工具柜内，并按规定进行定期检查、校验，使用前必须先检查，确定良好后方可使用。

（6）在带电设备附近作业时，严禁使用钢（卷）尺进行测量有关尺寸。

（7）用锤子打接地极时，握锤的手不准戴手套，扶接地极的人应在侧面，应用工具将接地极卡紧、稳住，使用冲击钻、电钻或钎子打砼眼或仰面打眼时，应戴防护镜。

（8）用感应法干燥电箱或变压器时，其外壳应接地。

（9）使用手持电动工具时，机壳应有良好的接地，严禁将外壳接地线和工作零线拧在一起插入插座，必须使用带保护接地线的插座。

（10）配线时，必须选用合适的剥线钳口，不得损伤线芯，削线头时，刀口要向外，用力要均匀。

（11）电气设备所用保险丝的额定电流应与其负荷容量相适应，禁止以大代小或用其金属丝代替保险丝。

（12）工作前必须做好充分准备，由工作负责人根据要求把安全措施及注意事项向全体人员进行布置，并明确分工，对于患有疾病不适宜工作者、请长假复工者、缺乏经验的工人及有思想情绪的人员，不能分配其重要技术工作和登高作业。

（13）作业人员在工作前不许饮酒，工作中衣着必须穿戴整齐，精神集中，不准擅离职守。

1.1.2　触电急救知识

1. 常见的触电原因

据有关统计资料分析，用电过程中触电的主要原因依次是私拉乱接电气线路、缺乏用电常识、违章作业、设备维修不及时、设备安装不合格等。

（1）预防触电的措施

为了防止触电事故的发生，必须采取有效的保护措施。

① 使用安全电压。我国将安全电压规定为 42V、36V、24V、12V、6V 等。凡是裸露的带电设备（如电镀槽）和移动的电气用具（如行灯）等都应使用安全电压。在一般建筑物中可使用 36V 或 24V 的电压，在潮湿、有腐蚀性气体或有到点尘埃及能导电的地面和狭窄的工作场所等，则要用 12V 或 6V 的安全电压。

② 绝缘保护。绝缘保护是用绝缘体把可能形成的触电回路隔开，以防止触电事故的发生，常见的有外壳绝缘、场地绝缘和变压器隔离等方法。

外壳绝缘：为了防止人体触及带电部分，电气设备的外壳常带有防护罩，有些电动工具和家用电器，除了工作电路有绝缘保护外，还用塑料外壳作为第二绝缘。

场地绝缘：在人体站立的地方，用绝缘层垫起来，使人体与大地隔离，可防止单线触电，常用的有绝缘台、绝缘地毯、绝缘胶鞋等。

变压器隔离：在用电器的回路与供电电网之间加一个变压器，利用原、副绕组之间的绝缘作为点的隔离，这样用电器对地就不会有电压，人体即使接触到用电器的带电部位也不会触电，这种变压器称为隔离变压器。

③ 保护接地或保护接零。电气设备的外壳在正常情况下不带电，如果绝缘损坏或外壳碰线，则外壳就带电，这时人体一旦与其接触就可能造成单相触电事故。为此要采用保护接零、接地等措施，以有效地防止由外壳带电引起的触电事故。

2. 触电急救常识

在日常用电和电气操作中，如果你采取有效的预防措施，则会大幅减少触电事故，但要绝对避免事故是不可能的。一旦发生人身触电，应迅速正确地进行现场急救，并坚持救治。

众多的触电抢救实例表明，触电急救对于减少触电伤亡是行之有效的。人触电后，往往会失去知觉或出现假死，此时，触电者能否被救治的关键，是在于救护者是否能及时采取正确的救护方法。实际生活中发生触电事故后能够实行正确救护的救护者为数不多，其中多数事故都具备触电急救的条件和救活的机会，但都因抢救无效而死亡。这除了有发现过晚的因素之外，救护者不懂得触电急救方法和缺乏救护技术，不能进行及时、正确地抢救，是未能使触电者生还的主要原因，这充分说明掌握触电急救知识的重要性。

当发生人身触电事故时，应采取如下措施。

（1）低压触电

首先断开触电者电源。如果发现有人触电时，不要惊慌失措，应赶快使触电人脱离电源，如果电源开关、电源插头就在触电事故现场附近，应迅速断开电源开关或拔掉电源插头，如果有急停按钮，应首先按下急停按钮。一定不要用手直接去拉触电者，防止造成二次触电事故。

如果事故现场没有开关，可使用带有绝缘手柄的钢丝钳等工具，或者用有干燥木柄的器具如斧头等断开电源，或者使用干燥的木棒、竹竿等绝缘物将触电者身上的电源移掉，或者施救者踩在干木板等绝缘物上迅速移开触电者，从而使触电者迅速脱离电源。

（2）高压触电

对于高压触电事故，可以采用下列措施使触电者脱离电源。

① 立即通知有关部门停电。带上绝缘手套，穿上绝缘靴，用相应电压等级的绝缘工具断开开关。抛掷裸金属线，使线路短路接地，断开电源。在抛掷金属线前，应将金属线的一端可靠接地，然后抛掷另一端。

② 当触电者脱离电源后，将触电者移至通风干燥的地方，首先使触电者仰天平卧，松开其衣服和裤带；检查瞳孔是否放大，呼吸和心跳是否存在。在通知医务人员前来救护的同时，再根据触电者的具体情况而采取相应的急救措施。

对于触电者伤势不重、神志清醒，但有些心慌、四肢发麻，全身无力者，没有失去知觉的触电者，应对其进行安抚，使其保持安静，请医生前来诊断或送往医院。

① 对失去知觉的触电者，若呼吸不齐、微弱或呼吸停止而有心跳的，应采用口对口的人工呼吸法进行抢救。

抢救具体方法如下。

使触电者呼吸道通畅自由。首先使触电者头偏向一侧，清除口中的血块、痰液或口沫，取出口中假牙等杂物，使其呼吸道畅通。

施救者深深吸气，用一只手捏紧触电者的鼻孔，另一只手掰开口腔，救护者深吸气后，紧贴着触电者的嘴吹气使其胸部略有起伏。

救护人员需要换气时，应立即离开触电者的嘴巴，松开触电者的鼻子，使其自由排气。

一般吹气 2s，换气 3s，大约 5s 一个循环。在触电者苏醒之前，不可间断。

操作方法如图 1.4 所示。

（a）使触电者平躺并头后仰，清除口中异物　（b）捏紧触电者鼻子，贴嘴吹气　（c）放松换气

图 1.4　口对口人工呼吸法

② 对有呼吸而心脏跳动微弱、不规则或心跳已停的触电者，应采用胸外心脏按压法进行抢救。

抢救具体方法如下。

准备：先使触电者头部后仰，急救者跪跨在触电者臀部位置，确定正确的积压点。右手的中指指尖对准触电者颈部凹陷的下端，右手掌置放在触电者的胸骨下方 1/3～1/2 处（两个乳头连线中间稍偏下方）。右手掌的根部就是正确的挤压点。

挤压：左手掌压在右手掌上，右手掌的根部施力，向下挤压 3～4cm 后，右手掌根迅速抬起，依靠胸廓自身的弹性，使胸腔复位血液流回心室。挤压和放松动作要有节奏，每分钟 60～120 次（儿童 2 秒钟 3 次），按压时应位置准确，用力适当，用力过猛会造成触电者内伤，用力过小则无效，对儿童进行抢救时，应适当减小按压力度，在触电者苏醒之前不可中断。

操作方法如图 1.5 所示。

（a）急救者跪跨在触电者臀部　（b）手掌挤压部位　（c）向下挤压　（d）突然放松

图 1.5　胸外心脏按压法

③ 对于呼吸与心跳都停止的触电者的急救，应同时采用"口对口人工呼吸法"和"胸外心脏按压法"。如果急救者只有 1 人，应先对触电者吹气 2～3 次，然后再挤压心脏 10～15 次，交替进行，直至触电者苏醒为止。如果是 2 人合作抢救，每 5 秒吹气 1 次，每秒挤压 1 次，2 人同时进行操作。

以上抢救既要迅速，又要有耐心，即使在送医院途中也不能停止急救。

1.1.3　训练触电者脱离电源

【实操训练】

1. 训练内容

使触电者脱离电源。

2. 所需器材

常用电工工具、电器设备和多媒体教学环境等。

3．实施步骤

实施内容实施步骤如表 1.2 所示。

表 1.2　实施内容实施步骤

步骤	关键词	实施内容
第一步	讲	教师布置任务，学生学习原理及操作方法
第二步	演	教师对使触电者脱离电源操作进行演示
第三步	练	每个学生模仿教师的演示进行操作练习
第四步	评	教师对学生在操作过程中的方法进行点评并指出不足之处
第五步	改	学生针对老师的点评进行改进
第六步	结	学生进行总结，写出项目总结报告
第七步	清	学生对操作现场清理

4．注意事项

注意学生人身安全。

5．考核评价

考核内容与评价标准如表 1.3 所示。

表 1.3　评价表

名称	正确的使触电者脱离电源的方法		合计得分：	
专业能力（70%）			得分：	
训练内容	考核内容	评分标准	自评	师评
拉闸断电（15 分）	操作正确，无安全隐患	操作步骤违规，一次扣 5 分		
挑线断电（15 分）	操作正确，无安全隐患	操作步骤违规，一次扣 5 分		
切线断电（15 分）	操作正确，无安全隐患	操作步骤违规，一次扣 5 分		
移动人体脱离电源（15 分）	操作正确，无安全隐患	操作步骤违规，一次扣 5 分		
安全文明操作（10 分）	正确使用工具和操作设备，穿戴劳动保护服	教师掌握		
社会能力（30%）			得分：	
评价类别	考核内容		自评	师评
团队协作（10 分）	小组成员合作，对小组的贡献			
敬业精神（10 分）	遵守纪律，爱岗敬业，吃苦耐劳			
决策能力（10 分）	明确工作目标，明确工作方法			
评价评语	姓名：		班级：	
	组长签字：		教师签字：	

1.2　电气防火防爆防雷

1.2.1　电气防火常识

1. 发生电气火灾的原因

在火灾事故中，电气火灾所占比重比较大。例如，短路时，短路电流为正常电流的几十倍甚至上百倍，可在短时间内使周边温度急剧升高，从而导致火灾；过载时，流经电路的电流将超过电路的安全载流量，电气设备长时间工作在此状态下，由于设备、电路过热而引起火灾；此外漏电、照明及电热设备的热量积累、电器开关动作、导线接头处理不好、熔断器烧断，以及雷击、静电等，都可能引起高温、高热或产生电弧、放电火花，从而导致火灾或爆炸事故。

2. 预防电气火灾

为了防止电气火灾事故的发生，首先应当正确地选择、安装、使用和维护电气设备及电气线路，并按规定正确采用各种保护措施。所有电气设备均应与易燃易爆物保持足够的安全距离，有明火的设备及工作中可能产生高温高热的设备，如喷灯、电热设备、照明设备等，使用后应立即关闭。

（1）对于火灾及爆炸危险场所，即含有易燃易爆物、导电粉尘等容易引起火灾或爆炸的场所，应按要求使用防爆或隔爆型电气设备，禁止在易燃易爆场所使用非防爆型的电气设备，特别是携带式或移动式设备，对可能产生电弧或电火花的地方，必须设法隔离或杜绝电弧及电火花的产生。外壳表面温度较高的电气设备，应尽量远离易燃易爆物。易燃易爆物附近不得使用电热器具，如必须使用时，应采取有效的隔热措施。爆炸危险场所的电气线路应符合防火防爆要求，保证足够的导线截面和接头的紧密接触，采用钢管敷设并采取密封措施，严禁采用明敷方式。

爆炸危险场所的接地（或接零）应高于一般场所的要求，接地（零）线不得使用铝线，所有接地（零）应连接成连续的整体，以保证电流连续不中断，接地（零）连接点必须可靠并尽量远离危险场所。火灾及爆炸危险场所必须具有更加完善的防雷和防静电措施。此外，火灾及爆炸危险场所及与之相邻的场所，应用非可燃材料或耐火材料构筑。

（2）预防静电的产生。静电的产生比较复杂，大量的静电荷积聚，能够形成很高的电位。油在车船运输中，在管道输送中，会产生静电；传送带上，也会产生静电。这类静电现象在塑料、化纤、橡胶、印刷、纺织、造纸等生产行业是经常发生的，而这些行业发生火灾与爆炸的危险又往往很大。

静电的特点是静电电压很高，有时可高达数万伏；静电能量不大，发生人身静电电击时，触电电流往往瞬间被释放，一般不会有生命危险；绝缘体上的静电释放很慢，静电带电体周围很容易发生静电感应和尖端放电现象，从而产生放电火花或电弧。静电最严重的危害就是可能引起火灾和爆炸事故。特别是在易燃易爆场所，很小的静电火花即可能带来严重的后果。因此，必须对静电的危害采取有效的防护措施。

对于可能引起事故危险的静电带电体，最有效的措施就是通过接地，将静电荷及时释放，从而消除静电的危害。通常防静电接地电阻不大于 100Ω。对带静电的绝缘体应采取用金属丝缠绕、屏蔽接地的方法；还可以采用静电中和器。对容易产生尖端放电的部位应采取静电屏蔽措施。对电容器、长距离线路及电力电缆等，在进行检修或试验工作前应先放电。静电带电体的防护接地应有多处，特别是两端，都应接地。因为当导体因静电感应而带电时，其两端都将积聚静电荷，一端接地只能消除部分危险，未接地端所带电荷不能释放，仍存在事故隐患。

3．电气火灾的处理

当发生电气设备火警时，首先应立即切断电源，同时拨打"119"火警电话报警。

扑救电气火灾时，应正确选用干粉二氧化碳灭火器，也可用干燥的黄沙灭火。不能用水或普通灭火器（如泡沫灭火器）灭火。因为水和普通灭火器中的溶液是导体，如果电源未切断，救火者可能会触电。

1.2.2　电气防爆常识

1．电气引爆原因

在日常生产生活中，存在着大量的易燃易爆环境，如煤炭、石油化工、棉纺、木材加工、烟花爆竹等生产场所。这些生产活动场所存在大量易燃易爆物，特别是生产烟花爆竹用的炸药，遇到火源即可发生爆炸；其他生产活动场所，在生产、储存、运输及使用过程中，也极易由气体、固体粉尘等与空气形成燃烧爆炸混合物，遇火发生燃烧、爆炸。

有些电气设备在正常运行时能产生火花、电弧，如电气开关的通断、运行中的直流、交流电动机碳刷与换向器之间的摩擦会产生火花等。有些电气设备由于绝缘老化、腐蚀或机械损伤等，会造成绝缘强度降低或绝缘失效，产生短路火灾。

（1）因违背有关设计规定或设计时考虑不周而造成电气设计、安装中的先天不足，使电气设施不配套，以及未严格按照安装规程和要求施工而导致安装错误，给日后运行时引起火灾、爆炸创造了先天条件，如线路不按电气安装规程设计安装、导线达不到安全载流量负荷标准，造成绝缘老化短路；在爆炸性危险场所安装非防爆电机、电器等。有的电气设备及线路安装不按规定要求施工，特别是隐蔽工程内部的线路不按规定穿管或穿管不到位，线路接口松动，乱拉乱接等；使用不合格的三无产品、劣质材料、偷工减料等。

（2）违反安全操作规程。 实际生产中，电气操作人员在操作中违反相关安全操作规程而导致电气火灾爆炸事故的事例很多。例如，在变压器、油开关附近使用喷灯、火焊；在易燃易爆场所使用非防爆电器产品，特别是携带式或移动式设备，使用电热器具且没有采取有效的隔热措施；在易产生火花的设备或场所用汽油擦洗设备；无证人员上岗操作等。由于对电气性能了解不够和使用不当，实际中也经常导致火灾爆炸发生。例如，灯泡安装得离易燃、易爆物过近，尤其是碘钨灯灯泡，其表面温度可高达 500～800℃，稍不注意就会烤燃纸、布、棉花及木材等。

（3）忽视消防安全，安全意识淡薄。许多生产单位或娱乐场所的单位领导往往存在侥幸心理，不愿投资只花钱不见效的消防安全，不按规定安装自动报警、自动喷淋消防设施，甚至根本没有配备消防器材，且消防道路不畅，防火问题达不到要求，消防组织制度也不健全，对消防部门检查中发现的问题，不重视也不整改，而是通过疏通关系达到开业目的。

2．预防电气爆炸的措施

根据电气爆炸发生的原因，预防电气火灾或爆炸的措施有排除现场空气中各种可燃易爆物质，使之不能与空气形成爆炸性混合物；避免电气设备产生火花或高温；改善环境条件。

（1）排除易燃易爆环境。对生产、运输、储存易燃易爆物质的场所，应加强管理，特别是生产、储存的石油化工产品的生产设备、容器等，应加强密封，杜绝跑、冒、滴、漏现象，减少易燃易爆物质的来源；保持良好的通风，加速空气流通和交换，能有效排除现场易燃易爆的气体、粉尘和纤维或降低它们的浓度，使它们保持在爆炸极限之外。

（2）排除各种电气火源。为了防止电气火灾与爆炸事故的发生，首先应当按场所的危险等级正确地选择、安装、使用和维护电气设备及电气线路，并按规定正确采用各种保护措施。所有电气设备均应与易燃易爆物保持足够的安全距离，特别是电热器具及外壳表面温度较高的电气设备。

（3）对存在火灾及爆炸危险场所，即含有易燃易爆物、导电粉尘等容易引起火灾或爆炸的场所，应按要求使用防爆型电气设备，严禁使用非防爆型电气设备，特别是携带式或移动式设备；对可能产生电弧或电火花的地方，必须设法隔离或杜绝电弧或电火花的产生。爆炸危险场所的电气线路应符合防火防爆要求，保证足够的截面、机械强度和良好的接触，采用钢管敷设并采取密闭措施，严禁采用明敷方式。爆炸危险场所的接地（或接零）应高于一般场所的要求，接地线不得使用铝线，所有接地线应接成连续的整体。爆炸危险场所必须具有完善的防雷防静电措施。电力设备及线路在布置上应使其免受机械损伤，并应防尘、防潮、防腐等。安装验收应符合规范并定期检修试验。正确选用保护和信号装置并合理安装，保证电气设备和线路在严重超负荷或存在故障情况下，都能准确、及时、可靠地切除故障设备和线路，或是发出报警信号。

1.2.3　电气防雷常识

雷电，是伴有闪电和雷鸣的一种雄伟壮观而又令人生畏的自然现象，地球上任何时候都有雷电在活动。雷电灾害是不可避免的自然灾害，是"联合国国际减灾十年"公布的最严重的十种自然灾害之一。从卫星、通信、导航、计算机网络乃至到每个家庭的家用电器都会受到雷电的危害。全球每年因雷击而导致的火灾、爆炸、信息系统瘫痪等事故频繁发生，对人民生命财产的安全和社会安全稳定的发展构成了严重威胁。

1．雷电形成

雷电是带有电荷的雷云之间、雷云对大地或物体之间产生急剧放电的一种自然现象。关于雷云普遍的看法是：在闷热的天气里，地面的水汽蒸发上升，在高空低温影响下，水蒸气凝成冰晶，冰晶受到上升气流的冲击而破碎分裂，气流挟带一部分带正电的小冰晶上升，形成正雷云，而另一部分较大的带负电的冰晶则下降，形成负雷云。由于高空气流的流动，正雷云和负雷云均在空中飘浮不定。据观测，在地面上产生雷击的雷云多为负雷云。

当空中的雷云靠近大地时，雷云与大地之间形成一个很大的雷电场。由于静电感应作用，使地面出现与雷云的电荷极性相反的电荷。当雷云与大地之间在某一方位的电场强度达到 $25kV\sim30kV/cm$ 时，雷云就开始向这一方位放电，形成一个导电的空气通道，称为雷电先导。

当其下行到离地面 100～300m 时，就引起一个上行的迎雷先导。当上下行先导相互接近时，正、负电荷强烈吸引、中和而产生强大的雷电流，并伴有雷鸣电闪。这就是直击雷的主放电阶段，这阶段的时间极短。主放电阶段结束后，雷云中的剩余电荷会继续沿主放电通道向大地放电，形成断续的隆隆雷声。这就是直击雷的余辉放电阶段，时间一般为 0.03～0.15s，电流较小，约为几百安。雷电先导在主放电阶段与地面上雷击对象之间的最小空间距离，称为闪击距离。雷电的闪击距离与雷电流的幅值和陡度有关。确定直击雷防护范围的"滚球半径"大小，就与闪击距离有关。

2．雷电活动的一般规律

夏季多于冬季，南方多于北方，东部多于西部，丘陵多于平原，低纬度多于高纬度地区，陆地多于海洋，水陆过渡带多于其他地带，城市多于乡村，土壤电阻率（ρ）大的地方多于土壤电阻率（ρ）小的地方。

3．雷电的类型

雷电过电压一般分为直击雷、感兴雷、雷电侵入波和球形雷四种类型。

（1）直击雷

直击雷是遭受直击雷击时产生的过电压。经验表明，直击雷的电流可高达几百千安，雷电电压可达几百万伏。遭受直击雷时会发生灾难性后果，因此必须采取防御措施。

（2）感应雷

感应雷是雷电对设备、线路或其他物体的静电感应或电磁感应所引起的过电压。在架空线路上由于静电感应而积聚大量异性的束缚电荷，在雷云的电荷向其他地方放电后，线路上的束缚电荷被释放形成自由电荷，向线路两端运行，形成很高的过电压。经验表明，高压线路上感应雷可高达几十万伏，低压线路上感应雷也可达几万伏，对供电系统的危害很大。

（3）雷电侵入波

雷电侵入波是感应雷的另一种表现，是由于直击雷或感应雷在电力线路的附近、地面或杆塔顶点，从而在导线上感应产生的冲击电压波，它沿着导线以光速向两侧流动，故又称为过电压行波。行波沿着电力线路侵入变配电所或其他建筑物，并在变压器内部引起行波反射，产生很高的过电压。据统计，雷电侵入波造成的雷害事故，要占所有雷害事故的 50%～70%。

（4）球形雷

球形雷是一种特殊的雷电现象，球状闪电，俗称滚地雷。通常在雷暴时发生，为圆球形状的闪电。这是一种真实的物理现象，它十分亮，近圆球形，直径为 15～40cm 不等。通常仅维持数秒，但也有维持了 1～2min 的记录。颜色除常见的橙色和红色外，还有黄色、紫色、蓝色、亮白色、幽绿色的光环，呈多种多样的色彩。

球状闪电的危害较大，它可以随气流起伏在近地空中自在飘飞或逆风而行。它可以通过开着的门窗进入室内，常见的是穿过烟囱后进入建筑物。它甚至可以在导线上滑动，有时会悬停，有时会无声消失，有时又会因为碰到障碍物爆炸。

4．雷电的防护

（1）雷电日常预防

在日常生活中，当雷电发生时，还应从以下几个方面加以预防。

在室内，首先要关好门窗，避免雷电进屋；关闭电视、计算机等室内的用电设备，断开所有的电源及信号线路，并使端口保持一定距离；避免接打手机；不要使用设有外接天线的收音机和其他设备；不宜使用金属喷头冲凉，也不宜使用太阳能热水器；不要靠近水管、暖气、煤气等金属管道；切勿处理开口容器盛放的易燃物品；不在阳台的铁管或铁丝上晾、收衣服。

尽量避免外出活动。如已经在室外活动，不要携带金属物体在露天行走，不要使用金属雨伞，最好不要骑自行车和摩托车，不要在行车中使用车中的收音机等电磁通信设备。

当你站在一个距雷击较近的地方，如果感觉到毛发竖立，皮肤有轻微的刺痛，这就是雷电快要击中你的征兆。遇到这种情况，你应立即弃去身上所有金属物，并马上蹲下来，身体倾向前，把手放在膝盖上，曲成一团，千万不要平躺在地上。

（2）避雷装置

目前，人类在充分利用传统的避雷针、避雷带、避雷网和现代的各种电子避雷器，均可防止和减少雷电的危害。城市居民楼房必须安装避雷带（针），以防雷电直击建筑物危及家庭，也可以在家庭使用的电源线、电话线、电视馈线入户前端安装专用的避雷器。常用的避雷装置有避雷针、避雷线、避雷网、避雷带和避雷器等。

避雷针，又称防雷针，由接闪器、接地引下线和接地体三部分组成。接闪器通常采用直径为 15～20mm、长度为 1～2m 的圆钢或钢管，固定于支柱上端经接地引下线与接地体连接，是用来保护建筑物、高大树木等避免雷击的装置。在被保护物顶端安装一根接闪器，用符合规格导线与埋在地下的泄流地网连接起来。避雷针规格必须符合 GB 标准，每一个防雷类别需要的避雷针高度规格都不一样。

避雷针通过导线接入地下，与地面形成等电位差，利用自身的高度，使电场强度增加到极限值的雷电云电场发生畸变，开始电离并下行先导放电；避雷针在强电场作用下产生尖端放电，形成向上先导放电。两者会合形成雷电通路，随之泻入大地，达到避雷效果。实际上，避雷针是引雷针，可将周围的雷电引来并提前放电，将雷电电流通过自身的接地导体传向地面，避免保护对象直接遭雷击。

避雷器，用于保护电气设备免受雷击时高瞬态过电压危害，并限制续流时间，也常限制续流赋值的一种电器。避雷器有时也称为过电压保护器、过电压限制器。避雷器连接在线缆和大地之间，通常与被保护设备并联。

避雷器的作用是用来保护电力系统中各种电器设备免受雷电过电压、操作过电压、工频暂态过电压冲击而损坏的一个电器。

避雷器的类型主要有保护间隙、阀型避雷器和氧化锌避雷器。保护间隙主要用于限制大气过电压，一般用于配电系统、线路和变电所进线段保护。阀型避雷器与氧化锌避雷器用于变电所和发电厂的保护，在 500kV 及以下系统主要用于限制大气过电压，在超高压系统中还将用来限制内过电压或作内过电压的后备保护。

（3）人体遭雷击后的急救

人体遭雷击后，流过人体的电流会使人的心脏停止跳动，呼吸停止，这时应尽快做人工呼吸和心脏按压进行抢救。在抢救过程中，要注意给受害者取暖，以减少体能的消耗。进行人工呼吸和心脏按压必须连续进行，中间不能停顿，直至受害者能够完全恢复呼吸和心脏跳动或证实死亡为止。如果一群人被雷击，应先抢救那些无法发出声息的人。

1.3　接地与接零

1．工作接地

在 TN-C（三相四线制）系统和 TN-C-S 系统（三相五线制）中，为使电路或设备达到运行要求的接地，该接地称为工作接地或配电系统接地。如变压器中性点接地、电抗器、击穿保险器、消弧线圈和大地做金属连接。工作接地——是电在工作中产生的余电，为了不让余电击伤人，让它能够排入到大地体中。

工作接地的作用是保持系统电位的稳定性，即减轻低压系统由高压窜入低压系统所产生过电压的危险性。当配电网一相故障接地时，工作接地也有抑制电压升高的作用。如果没有工作接地，发生一相接地故障时，中性点对地电压可上升到接近相电压，另两相对地电压可上升到接近线电压。

如果没有工作接地，则当 10kV 的高压窜入低压时，低压系统的对地电压上升为 5800V 左右。如果有工作接地，由于接地故障电流经工作接地成回路，对地电压的"漂移"受到抑制，在线电压 0.4kV 的配电网中。中性点对地电压一般不超过 50V，另外两相对地电压一般不超过 250V。

2．保护接地

保护接地是为防止电气装置的金属外壳、配电装置的构架和线路杆塔等带电危及人身和设备安全而进行的接地。所谓保护接地就是将正常情况下不带电，而在绝缘材料损坏后或其他情况下可能带电的电器金属部分（即与带电部分相绝缘的金属结构部分）用导线与接地体可靠连接起来的一种保护接线方式。接地保护一般用于配电变压器中性点不直接接地（三相三线制）的供电系统中，用以保证当电气设备因绝缘损坏而漏电时产生的对地电压不超过安全范围。

3．保护接零

保护接零把电工设备的金属外壳和电网的零线可靠连接，以保护人身安全的一种用电安全措施。保护零线其实也就是地线，就是其中某根电线接触物体时，让漏电保护开关能及时跳闸，不击伤人，故称保护零线。保护接零只适用于中性点直接接地的低压电网。

在电压低于 1000V 的接零电网中，若电工设备因绝缘损坏或意外情况而使金属外壳带电时，形成相线对中性线的单相短路，则线路上的保护装置（自动开关或熔断器）迅速动作，切断电源，从而使设备的金属部分不至于长时间存在危险的电压，这就保证了人身安全。多相制交流电力系统中，把星形连接的绕组的中性点直接接地，使其与大地等电位，即为零电位。由接地的中性点引出的导线称为零线。

注意，在同一电源供电的电工设备上，不容许一部分设备采用保护接零，另一部分设备采用保护接地。

4．重复接地

重复接地就是在中性点直接接地的系统中，在中性线干线的一处或多处用金属导线连接接地装置。在低压三相四线制中性点直接接地线路中，施工单位在安装时，应将配电线路的中性线干线和其分支线的终端接地，中性线干线上每隔 1km 做一次接地。对地点超过 50m 的配电线路，接入用户处的零线仍应重复接地，重复接地电阻应不大于 10Ω。

【实操训练】

1．训练内容

保护接地和保护接零的安装接线

2．所需器材

常用电工工具、电器设备和多媒体教学环境等。

3．实施步骤

实施内容与实施步骤如表 1.4 所示。

表 1.4　实施内容与实施步骤

步骤	关键词	实施内容
第一步	讲	教师布置任务，学生学习原理及操作方法
第二步	演	教师对保护接地和保护接零装置的安装接线操作进行演示
第三步	练	每个学生模仿教师的演示进行操作练习。
第四步	评	教师对学生在操作过程中的方法进行点评并指出不足之处
第五步	改	学生针对老师的点评进行改进
第六步	结	学生进行总结，写出项目总结报告
第七步	清	学生对操作现场清理

4．注意事项

连接接地体接线时牢固连接，设备外壳与保护零线可靠牢固连接。

5．考核评价

考核内容与评价标准如表 1.5 所示。

表 1.5　评价表

名称	保护接地、保护接零的安装接线操作		合计得分：	
专业能力（70%）			得分：	
训练内容	考核内容	评分标准	自评	师评
保护接地（30 分）	操作正确，无安全隐患	操作步骤违规，一次扣 5 分		
保护接零（30 分）	操作正确，无安全隐患	操作步骤违规，一次扣 5 分		
安全文明操作（10 分）	正确使用工具和操作设备，穿戴劳动保护服	教师掌握		
社会能力（30%）			得分：	
评价类别	考核内容		自评	师评
团队协作（10 分）	小组成员合作，对小组的贡献			
敬业精神（10 分）	遵守纪律，爱岗敬业，吃苦耐劳			
决策能力（10 分）	明确工作目标，明确工作方法			
评价评语	姓名：	班级：		
	组长签字：	教师签字：		

第2章 电工工具和导线连接

正确使用电工工具，是电气安装、生产与维修的一项基本技术要求。掌握常用电工工具的使用和维护保养方法，让学生重视使用电工工具安全的重要性，养成爱护保养电工工具的良好习惯。

导线的连接，是电工基本的技能之一。电气安装、维修工程中，导线的连接是一种基本的电工操作工艺。导线的连接质量影响着线路和设备运行的可靠性和安全度。因此正确掌握导线的连接方法非常重要。

2.1 常用电工工具使用

2.1.1 验电器的使用

1. 低压验电器

低压验电器又称验电笔、测电笔，简称电笔，是检测电气设备、电路是否带电的一种常用工具，有钢笔式、螺丝刀式和组合式多种。普通低压验电器的电压测量范围为 60~500V，高于 500V 的电压则不能用普通低压验电器来测量。低压验电器由笔尖（金属体）、电阻、氖管、弹簧和笔身、笔尾（金属体）等部分组成，如图 2.1 所示。使用低压验电器时要注意以下几个方面。

（1）使用低压验电器之前，首先要检查其内部有无安全电阻、是否有损坏，有无进水或受潮，并在带电体上检查其是否可以正常发光，检查合格后方可使用。

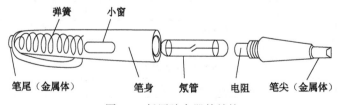

图 2.1 低压验电器的结构

（2）测量时手指握住低压验电器笔身，食指触及笔身尾部金属体，为便于观察，低压验电器的小窗口应该朝向自己的眼睛，如图 2.2 所示。

（3）在较强的光线下或阳光下测试带电体时，以防观察不到氖管是否发亮，造成误判，应采取适当避光措施。

（4）低压验电器可用来区分相线和零线，接触时氖管发亮的是相线（火线），不亮的是零线。也可区别直流电与交流电。交流电通过验电笔时，氖管里的两个极同时发亮；直流电通过验电笔时，氖管里两个极只有一个发亮。还可用来判断电压的高低，氖管越暗，则表明电压越低；氖管越亮，则表明电压越高。

（5）当用低压验电器触及电机、变压器等电气设备外壳时，如果氖管发亮，则说该设备相线有漏电现象。

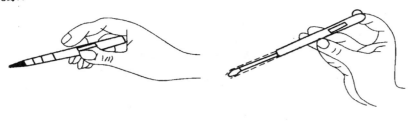

（a）错误　　　　　　　　　　　　　（b）正确

图 2.2　验电器的手持方法

（6）用低压验电器测量三相三线制电路时，如果两根很亮而另一根不亮，说明这一相有接地现象。在三相四线制电路中，发生单相接地现象时，用低压验电器测量中性线，氖管也会发亮。

（7）用低压验电器测量直流电路时，把低压验电器连接在直流电的正负极之间，氖管里两个电极只有一个发亮，氖管发亮的一端为直流电的负极。

（8）低压验电器笔尖与螺钉旋具形状相似，但其承受的扭矩很小。因此，应尽量避免用其安装或拆卸电气设备，以防受损。

2．高压验电器

高压验电器又称高压测电器，其结构如图 2.3 所示。

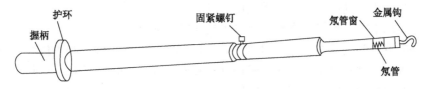

图 2.3　高压验电器的结构

使用高压验电器时要注意以下几个方面。

（1）高压验电器在使用前应经过检查，确定其绝缘完好，氖管发光正常，与被测设备电压等级相适应。而且必须在气候条件良好的情况下进行，在雪、雨、雾、湿度较大的情况下，不宜使用，以防发生危险。

（2）使用高压验电器时，必须戴上符合要求的绝缘手套，而且必须有人监护，测量时要防止发生相间或对地短路事故。

（3）进行测量时，应使高压验电器逐渐靠近被测物体，直至氖管发亮，然后立即撤回。

（4）进行测量时，人体与带电体应保持足够的安全距离，10kV 高压的安全距离为 0.7m 以上。高压验电器应每半年作一次预防性试验。

（5）在使用高压验电器时，应特别注意手握部位应在护环以下，如图 2.4 所示。

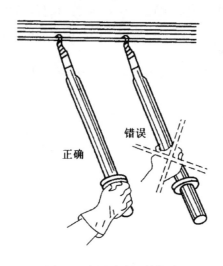

图 2.4　高压验电器的握法

【实操训练】

1．训练内容

验电器的使用。

2．所需器材

低压验电器、高压验电器和交流 220V 单相电源。

3．训练方法

（1）根据电源电压高低，正确选用验电工具。

（2）采用正确的方法握持验电器，使笔尖接触带电体。

（3）仔细观察氖管的状态，根据氖管的亮、暗判断相线（火线）和中性线（零线）；根据氖管的亮、暗程度，判断电压的高低；根据氖管发光位置，判断直流电源的正、负极。

（4）高压验电器的使用应在变电房中进行。

4．注意事项

注意人身安全。

5．考核评价

考核内容与评价标准如表 2.1 所示。

表 2.1　评价表

序号	主要内容	考核内容	评分标准	配分	扣分	得分
1	低压验电器的使用	熟练掌握低压验电器和高压验电器的使用方法	(1) 使用方法错误扣 10～20 分	40 分		
2	高压验电器的使用		(2) 电压高低判断错误扣 10～20 分	40 分		
3	社会能力	安全、协作、决策、敬业	(3) 直流电源极性判断错误扣 10 分			
			教师掌握	20 分		
备注			合计	100 分		
			教师签字：　　　　　年　　月　　日			

2.1.2　螺钉旋具的使用

螺钉旋具又被称为螺丝刀、起子或改锥，主要用来紧固或拆卸螺钉。按头部形状的不同，常用螺钉旋分为一字形和十字形两种，如图 2.5 所示。一字形螺钉旋具用来紧固或拆卸带一字槽的螺钉，其规格用柄部以外的长度来表示，一字形螺钉旋具常用的规格有 50mm、100mm、150mm 和 200mm 等，其中电工必备的是 50mm 和 150mm 两种。十字形螺钉旋具专供紧固或拆卸十字槽的螺钉，常用的规格有 4 个，Ⅰ 号适用于螺钉直径为 2～2.5mm，Ⅱ 号适用于螺钉直径为 3～5mm，Ⅲ 号适用于螺钉直径为 6～8mm，Ⅳ 适用于螺钉直径为 10～12mm。

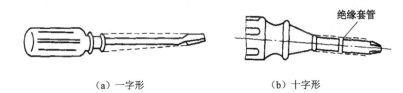

（a）一字形　　　　　　　　　　　（b）十字形

图 2.5　螺钉旋具

使用螺钉旋具时应该注意以下几个方面。

（1）螺钉旋具的手柄应该保持干燥、清洁、无破损且绝缘完好。

（2）不能用锤子或其他工具敲击螺钉旋具的手柄，或者当作錾子使用；小螺丝忌用大螺钉旋具去拧，否则会把螺丝拧坏；拧螺丝时，螺钉旋具不要打滑，对于易损坏的螺丝更应小心仔细；所使用的螺钉旋具其规格尺寸应与被拧的螺丝口大小相适用。

（3）电工不可使用金属杆直通柄顶的螺钉旋具，在实际使用过程中，不应让螺钉旋具的金属杆部分触及带电体，也可以在其金属杆上套上绝缘塑料管，以免造成触电或短路事故。螺钉旋具的使用方法，如图 2.6 所示。

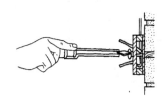

（a）大螺钉旋具的使用方法　　　　　　　　（b）小螺钉旋具的使用方法

图 2.6　螺钉旋具的使用方法

【实操训练】

1．训练内容

螺钉旋具的使用。

2．所需器材

平口螺丝刀、十字螺丝刀、十字螺钉、一字螺钉和木板。

3．训练方法

（1）选用合适的螺钉旋具。

（2）螺钉旋具头部对准木螺钉尾端，使螺钉旋具与木螺钉处于一条直线上，且木螺钉与木板垂直，顺时针方向转动螺钉旋具。用力要平稳，推压和旋转要同时进行。

（3）应当注意固定好电气元件后，螺钉旋具的转动要及时停止，防止木螺钉进入木板过多而压坏电气元件。

（4）对于拆除电气元件的操作，只要使木螺钉逆时针方向转动，直至木螺钉从木板中旋出即可。

操作过程中，如果发现螺钉旋具头部从螺钉尾端滑至螺钉与电气元件塑料壳体之间，螺钉旋具应立即停止转动，以避免损坏电气元件壳体。

4．考核评价

考核内容与评价标准如表 2.2 所示。

表 2.2　评价表

序号	主要内容	考核内容	评分标准	配分	扣分	得分
1	螺钉旋具的使用	熟练掌握螺钉旋具的使用方法	（1）螺钉旋具使用方法错误扣 20 分	20 分		
			（2）木螺钉旋入木板方向歪斜扣 5～30 分	20 分		
			（3）电气元件安装歪斜或与木板间有缝隙扣 5～20 分	20 分		
			（4）操作过程中损坏电气元件扣 30 分	20 分		
2	社会能力	安全、协作、决策、敬业	教师掌握	20 分		
备注		合计		100 分		
		教师签字：		年　　月　　日		

2.1.3　钢丝钳和尖嘴钳的使用

1．钢丝钳

钢丝钳也称平口钳、老虎钳，主要用于剪切、绞弯、夹持金属导线，夹持和拧断金属薄板及金属丝，也可用作紧固螺母、切断钢丝。钢丝钳的结构和使用方法，如图 2.7 所示。电工应该选用带绝缘手柄的钢丝钳，其绝缘性能为 500V。常用钢丝钳的规格有 150mm、175mm 和 200mm 三种。

使用钢丝钳时应该注意以下几个方面。

（1）在使用电工钢丝钳以前，首先应该检查绝缘手柄的绝缘是否完好，以免进行带电作业时会发生触电事故。

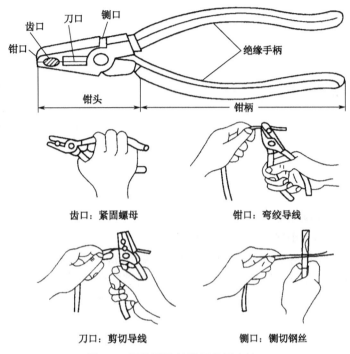

图 2.7　钢丝钳的结构及使用方法

（2）用钢丝钳剪切带电导线时，既不能用刀口同时切断相线和零线，也不能同时切断两根相线，而且，两根导线的断点应保持一定距离，以免发生短路事故。

（3）不得把钢丝钳当作锤子敲打使用，也不能在剪切导线或金属丝时，用锤或其他工具敲击钳头部分。另外，钳轴要经常加油，以防生锈。

2．尖嘴钳

尖嘴钳的头部尖细，适用于在狭小的工作空间操作。主要用于夹持较小物件，也可用于绞弯导线、剪切较细导线和其他金属丝。电工使用的是带绝缘手柄的一种，其绝缘手柄的绝缘性能为 500V，其外形如图 2.8 所示。

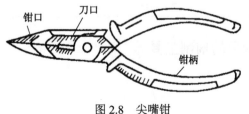

图 2.8　尖嘴钳

尖嘴钳按其全长分为 130mm、160mm、180mm、200mm 4 种。

尖嘴钳在使用时的注意事项，与钢丝钳一致。

尖嘴钳的主要用途如下。

（1）钳刃口剪断细小金属丝。

（2）夹持较小螺钉、垫圈、导线等元件。

（3）装接控制线路板时，将单股导线弯成线鼻子。

【实操训练】

1．训练内容

钢丝钳和尖嘴钳的使用。

2．所需器材

钢丝钳、尖嘴钳和导线。

3．训练方法

（1）用钢丝钳或尖嘴钳截取导线。

（2）根据安装圈的大小剖削导线部分绝缘层。

（3）将剖削绝缘层的导线向右折，使其与水平线约成30°。

（4）由导线端部开始均匀弯制安装圈，直至安装圈完全封口为止。

（5）安装圈完成后，穿入相应直径的螺钉，检验其误差。

4．考核评价

考核内容与评价标准如表2.3所示。

表2.3　评价表

序号	主要内容	考核内容	评分标准	配分	扣分	得分
1	钢丝钳和尖嘴钳的使用	熟练掌握钢丝钳和尖嘴钳的使用方法	（1）工具使用方法错误扣10～20分	20分		
			（2）安装圈过大或过小每个扣5分	20分		
			（3）安装圈不圆每个扣5分	10分		
			（4）绝缘层剖削过多每个扣10分	30分		
2	社会能力	安全、协作、决策、敬业	教师掌握	20分		
备注			合计	100分		
			教师签字：		年　月　日	

2.1.4　常用导线绝缘层的剖削工具

1．电工刀

电工刀主要用于剖削导线的绝缘外层，切割木台缺口和削制木桦等，其外形如2.9所示。在使用电工刀进行剖削作业时，应将刀口朝外，剖削导线绝缘时，应使刀面与导线成较小的锐角，以防损伤导线；因为电工刀刀柄是无绝缘保护的，所以绝不能在带电导线或电气设备上使用，以免触电。使用完毕后，应立即将刀身折进刀柄。

2．剥线钳

剥线钳是用于剥除较小直径导线、电缆的绝缘层的专用工具，它的手柄是绝缘的，绝缘性能为 500V。钳头部分由压线口和切口组成，分有直径 0.5～3mm 的多个切口，以适应不同规格的线芯，其外形如图 2.10 所示。

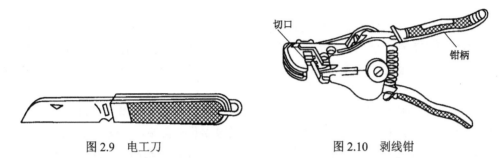

图 2.9 电工刀   图 2.10   剥线钳

剥线钳的使用方法十分简便，确定要剥削的绝缘长度后，即可把导线放入相应的切口中（直径 0.5～3mm），用手将钳柄握紧，导线的绝缘层即被拉断后自动弹出。其操作方法一般是一手握着待剥导线，另一手握钳柄，将导线放于选定的钳口内，用手握紧钳柄，导线的绝缘层即被割破而断开。

3．导线绝缘层的剖削

（1）对于截面积不大于 4mm² 的塑料硬线绝缘层的剖削，一般使用钢丝钳，剖削的方法和步骤如下。

① 用左手抓牢电线，根据所需线头长度用钢丝钳刀口切割绝缘层，右手握住钢丝钳头用力向外拉动，注意用力适度，不可损伤芯线，即可剖下塑料绝缘层，如图 2.11 所示。

② 剖削完成后，应检查线芯是否完整无损，如损伤较大，应重新剖削。塑料软线绝缘层的剖削，只能用剥线钳或钢丝钳进行，不可用电工刀剖削。

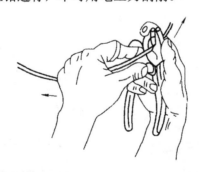

图 2.11   钢丝钳剖削塑料硬线绝缘层

（2）对于芯线截面大于 4mm² 的塑料硬线，可用电工刀来剖削绝缘层，其方法和步骤如下。

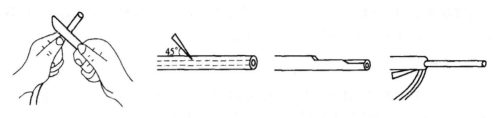

（a）切入手法　　（b）电工刀以45°倾斜切入　（c）削去一部分塑料层　（d）翻下塑料绝缘层

图2.12　电工刀剖削塑料硬线绝缘层

首先，用电工刀以45°角倾斜切入塑料绝缘层，向线端推削，削去一部分塑料层。注意用力适度，避免损伤芯线。然后，把剩下的塑料层翻下，切去这部分塑料层，线端的塑料层全部被剥去，露出线芯。最后将塑料绝缘层向后翻起，用电工刀齐根切去。其操作过程如图2.12所示。

（3）塑料护套线绝缘层的剖削必须用电工刀来完成，剖削方法和步骤如下。

首先，按所需长度用电工刀刀尖沿芯线中间缝隙划开护套层，如图2.13（a）所示。然后，向后翻起护套层，用电工刀齐根切去，如图2.13（b）所示。在距离护套层5~10mm处，用电工刀以45°角倾斜切入绝缘层，其他剖削方法与塑料硬线绝缘层的剖削方法相同。

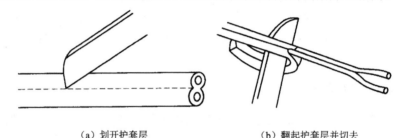

（a）划开护套层　　　　　　　　（b）翻起护套层并切去

图2.13　塑料护套线绝缘层的剖削

橡皮线绝缘层的剖削方法和步骤如下。

在橡皮线线头的最外层用电工刀割破一圈，削去一条保护层。将剩下的保护层割去，露出橡胶绝缘层。在距离保护层约10mm处，用电工刀以45°角斜切入橡胶绝缘层，剥去橡胶绝缘层，如图2.14所示。

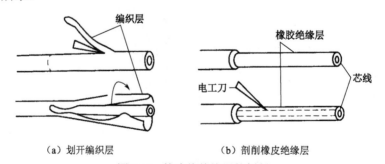

（a）划开编织层　　　　　　　　（b）剖削橡皮绝缘层

图2.14　橡皮线绝缘层的剖削

（5）花线绝缘层的剖削方法和步骤如下。

首先，根据所需剖削长度，用电工刀在导线外表织物保护层割切一圈，并将其剥离。然后，距织物保护层10mm处，用钢丝钳刀口切割橡皮绝缘层，拉下橡皮绝缘层，注意不能损伤芯线。

剖削方法与图 2.11 所示类似。最后，将露出的棉纱层松散开，用电工刀割断，如图 2.15 所示。

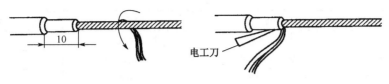

（a）将棉纱层散开　　　　　　　　（b）割断棉纱层

图 2.15　花线绝缘层的剖削

（6）铅包线绝缘层的剖削方法和步骤如下。

先用电工刀围绕铅包层切割一圈，如图 2.16（a）所示。接着用双手来回扳动切口处，使铅层沿切口处折断，把铅包层拉出来，如图 2.16（b）和图 2.16（c）所示。铅包线内部绝缘层的剖削方法与塑料硬线绝缘层的剖削方法相同。

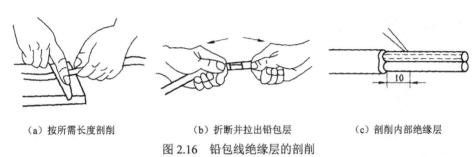

（a）按所需长度剖削　　　（b）折断并拉出铅包层　　　（c）剖削内部绝缘层

图 2.16　铅包线绝缘层的剖削

（7）漆包线绝缘层的去除

常用绝缘导线的线芯股数有单股、7 股和 19 股等多种。直径在 1.0mm 以上的，可用细砂纸或细纱布擦除；直径为 0.6～1.0mm 的，可用专用刮线刀刮去；直径在 0.6mm 以下的，可用细砂纸或细纱布擦除，也可用打火机烤焦线头绝缘漆层，再将漆层轻轻刮去。

【实操训练】

1．训练内容

导线绝缘层的剖削。

2．所需器材

电工刀、硬导线和软导线。

3．训练方法

（1）根据不同的导线选用适当的剖削工具。

（2）采用正确的方法进行绝缘层的剖削。

（3）检查剖削过绝缘层的导线，看是否存在断丝、线芯受损的现象。

4．考核评价

考核内容与评价标准如表 2.4 所示。

表2.4 评价表

序号	主要内容	考核内容	评分标准	配分	扣分	得分
1	导线绝缘层的剖削	熟练掌握常用导线绝缘层的剖削方法	(1) 工具选用错误扣20分	20分		
			(2) 操作方法错误扣5~30分	30分		
			(3) 线芯有断丝、受损现象扣 5~30分	30分		
2	社会能力	安全、协作、决策、敬业	教师掌握	20分		
备注			合计	100分		
			教师签字:		年　月　日	

2.2 导线连接和绝缘层的恢复

2.2.1 导线连接

在进行电气线路、设备的安装过程中，如果当导线不够长或要分接支路时，就需要进行导线与导线间的连接。

1. 单股铜线的直线连接

首先，把两线头的芯线按 X 形相交，互相绞合 2~3 圈，如图 2.17 (a) 所示。接着把两线头扳直，如图 2.17 (b) 所示。然后将每个线头围绕芯线紧密缠绕 6 圈，并用钢丝钳把余下的芯线切去。最后钳平芯线的末端，如图 2.17 (c) 所示。

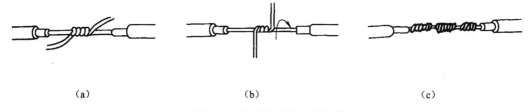

(a)　　　　　　　　　　(b)　　　　　　　　　　(c)

图 2.17 单股铜线的直线连接

2. 单股铜线的 T 字形连接

(1) 如果导线直径较小，可按图 2.18 (a) 所示方法绕制成结状，然后再把支路芯线线头拉紧扳直，紧密地缠绕 6~8 圈后，剪去多余芯线，钳平芯线末端。

(2) 如果导线直径较大，先将支路芯线的线头与干线芯线做十字相交，使支路芯线根部留出 3~5mm，然后缠绕支路芯线，缠绕 6~8 圈后，用钢丝钳切去余下的芯线，并钳平芯线末端，如图 2.18 (b) 所示。

3．7 芯铜线的直线连接

（1）先将剖去绝缘层的芯线头散开并拉直，然后把靠近绝缘层约 1/3 线段的芯线按导线原缠绕方向绞紧，接着把余下的 2/3 芯线分散成伞状，并将每根芯线拉直，如图 2.19（a）所示。

（2）把两个伞状芯线隔根对叉，并捏平两端芯线，如图 2.19（b）所示。

（3）把其中一端的 7 股芯线按 2 根、2 根、3 根分成三组，把第一组 2 根芯线扳起，垂直于芯线紧密缠绕 2 圈，如图 2.19（c）所示。

（4）缠绕 2 圈后，把余下的芯线向右拉直，把第二组的 2 根芯线扳直，与第一组芯线的方向一致，压着前两根扳直的芯线紧密缠绕两圈，如图 3-19（d）所示。

（5）缠绕 2 圈后，也将余下的芯线向右扳直，把第三组的 3 根芯线扳直，与前两组芯线的方向一致，压着前 4 根扳直的芯线紧密缠绕 3 圈，如图 3-19（e）所示。

（6）缠绕 3 圈后，切去每组多余的芯线，钳平线端毛刺，如图 3-19（f）所示。

（7）除了芯线缠绕方向相反，另一侧的制作方法与图 2.19 所示相同。

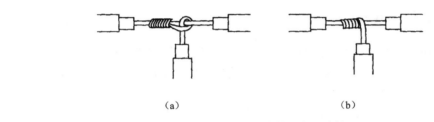

（a）　　　　　　　　　　　　　　　　（b）

图 2.18　单股铜线的 T 字形连接

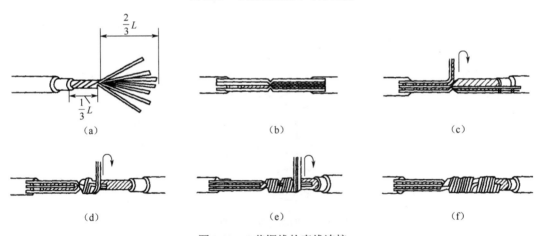

（a）　　　　　　　　（b）　　　　　　　　（c）

（d）　　　　　　　　（e）　　　　　　　　（f）

图 2.19　7 芯铜线的直线连接

4．7 芯铜线的 T 字形连接

（1）把分支芯线散开钳直，将距离绝缘层 1/8 处的芯线绞紧，再把支路线头 7/8 的芯线分成 4 根和 3 根两组并排齐；然后用螺钉旋具把干线的芯线撬开分成两组，把支线中 4 根芯线的一组插入干线两组芯线之间，把支线中另外 3 根芯线放在干线芯线的前面，如图 2.20（a）所示。

（2）把 3 根芯线的一组在干线右边紧密缠绕 3～4 圈，切去余线，钳平线端；再把 4 根芯线的一组按相反方向在干线左边紧密缠绕，如图 2.20（b）所示。缠绕 4～5 圈后，切去余线，钳平线端，如图 2.20（c）所示。

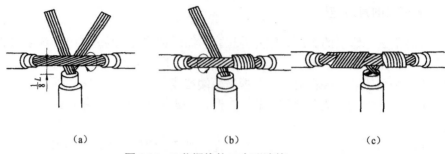

（a）　　　　　　　　（b）　　　　　　　　（c）

图 2.20　7 芯铜线的 T 字形连接

　　7 芯铜线的直线连接方法同样适用于 19 芯铜导线，芯线太多可剪去中间的几根芯线；连接后，在连接处进行钎焊处理，这样可以改善导电性能和增加其力学强度。19 芯铜线的 T 字形分支连接方法与 7 芯铜线也基本相同。将支路导线的芯线分成 10 根和 9 根两组，而把其中 10 根芯线那组插入干线中进行绕制即可。

5．铜芯导线接头处的锡焊处理

　　（1）电烙铁锡焊。如果铜芯导线截面积不大于 10mm²，它们的接头可用 150W 电烙铁进行锡焊。可以先将接头上涂一层无酸焊锡膏，待电烙铁加热后即可锡焊。

　　（2）浇焊。对于截面积大于 16mm² 的铜芯导线接头，常采用浇焊法。首先将焊锡放在化锡锅内，用喷灯或电炉使其熔化，待焊锡达到高热状态，表面呈磷黄色时，将涂有无酸焊锡膏的导线接头放在锡锅上面，再用勺盛上熔化的锡，从接头上面浇下，如图 2.21 所示。因为开始接头较凉，锡在接头上不会有很好的流动性，所以应持续浇下去，使接头处温度提高，直到全部缝隙焊满为止。最后用抹布擦去焊渣即可，使接头表面光滑。

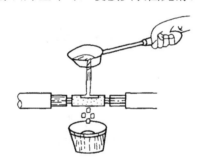

图 2.21　铜芯导线接头的浇焊

6．压接管压接法连接

　　由于铝极易氧化，而铝氧化膜的电阻率很高，严重影响导线的导电性能，因此铝芯导线直线连接不宜采用铜芯导线的方法进行，多股铝芯导线常用压接管压接法连接（此方法同样适用于多股铜导线）。其方法和步骤如下。

　　（1）根据多股导线规格选择合适的压接管。

　　（2）用钢丝刷清除铝芯线表面及压接管内壁的氧化层或其他污物，并在其外表涂上一层中性凡士林。

　　（3）将 2 根导线线头相对插入压接管内，并使两线端穿出压接管 25～30mm。

（4）压坑的数目与连接点所处的环境有关，通常情况下，室内为 4 个，室外为 6 个。

【实操训练】

1．训练内容

导线的连接。

2．所需器材

导线、电工刀、电烙铁、焊锡和助焊剂等。

3．训练方法

（1）根据不同导线，采取相应方法进行绝缘层剖削。
（2）针对不同的导线，进行相应导线的接头制作。
（3）对导线接头进行电烙铁锡焊和浇焊处理。

4．考核评价

考核内容与评价标准如表 2.5 所示。

表 2.5 评价表

序号	主要内容	考核内容	评分标准	配分	扣分	得分
1	单股铜线的直线连接	熟练掌握单股铜线的直线连接、T 字形连接	（1）剖削方法不正确扣 5 分	10 分		
2	单股铜线的 T 字形连接			20 分		
3	7 芯铜线的直线连接	熟练掌握 7 芯铜线的直线连接、T 字形连接	（2）芯线有刀伤、钳伤、断芯情况扣 5 分	10 分		
4	7 芯铜线的 T 字形连接		（3）导线缠绕方法错误扣 5 分 （4）导线连接不整齐、不紧、不平直、不圆扣 5 分	20 分		
5	单股铜线接头的电烙铁锡焊	熟练掌握单股铜线接头的电烙铁锡焊操作工艺	（1）锡焊不牢固扣 5 分 （2）表面不光滑扣 5 分	10 分		
6	7 芯铜线接头的浇焊	熟练掌握 7 芯铜线接头的浇焊操作工艺		10 分		
7	社会能力	安全、协作、决策、敬业	教师掌握	20 分		
备注			合计	100 分		
			教师签字：		年 月 日	

2.2.2 导线绝缘层的恢复

当发现导线绝缘层破损或完成导线连接后，导线的绝缘一定要恢复。要求恢复后的绝缘层的绝缘强度不应低于原有绝缘层。通常是用黄蜡带、涤纶薄膜带和黑胶带作为恢复绝缘层的材料。黄蜡带和黑胶带一般选用的宽度为 20mm。绝缘带不用时，不要放在温度很高的地方，以免粘胶热化。

1. 直线连接接头的绝缘恢复

首先将黄蜡带从导线左侧完整的绝缘层上开始包缠，包缠两根带宽后才可以进入无绝缘层的芯线接头部分，如图 2.22（a）所示。包缠时，应将黄蜡带与导线保持约 55°的倾斜角，每圈叠压带宽的 1/2 左右，如图 2.22（b）所示。包缠一层黄蜡带后，把黑胶布接在黄蜡带的尾端，按另一斜叠方向再包缠一层黑胶布，每圈仍要压叠带宽的 1/2。包缠绝缘带时，要疏密适宜，不能露出芯线，以免造成触电或短路，如图 2.22（c）和图 2.22（d）所示。

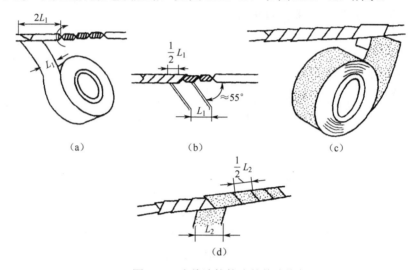

图 2.22　直线连接接头的绝缘恢复

2. T 字形连接接头的绝缘恢复

首先将黄蜡带从接头左端开始包缠，每圈叠压带宽的 1/2 左右，如图 2.23（a）所示。

缠绕支线时，用左手拇指顶住左侧直角处的带面，使它紧贴于转角处芯线，而且要使处于接头顶部的带面尽量向右侧斜压，如图 2.23（b）所示。当围绕到右侧转角处时，用手指顶住右侧直角处带面，将带面在干线顶部向左侧斜压，让其与被压在下边的带面呈 X 状交叉，然后把带再回绕到左侧转角处，如图 2.23（c）所示。使黄蜡带从接头交叉处开始在支线上向下包缠，并使黄蜡带向右侧倾斜，如图 2.23（d）所示。在支线上绕至绝缘层上约两个带宽时，黄蜡带折回向上包缠，并使黄蜡带向左侧倾斜，绕至接头交叉处，使黄蜡带围绕过干线顶部，然后开始在干线右侧芯线上进行包缠，如图 2.23（e）所示。包缠至干线右端的完好绝缘层后，再接黑胶带，按上述方法包缠一层即可，如图 2.23（f）所示。

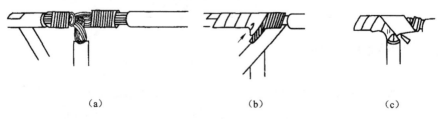

图 2.23　T 字形连接接头的绝缘恢复

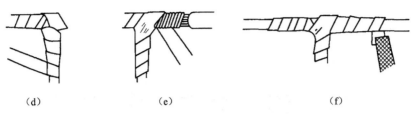

（d）　　　　　　　　　　（e）　　　　　　　　　　（f）

图 2.23　T 字形连接接头的绝缘恢复（续）

3．注意事项

（1）在为工作电压为 380V 的导线恢复绝缘时，必须先包缠 1～2 层黄蜡带，然后再包缠一层黑胶带。

（2）在为工作电压为 220V 的导线恢复绝缘时，应先包缠一层黄蜡带，然后再包缠一层黑胶带，也可只包缠两层黑胶带。

（3）包缠绝缘带时，疏密适宜，不能露出芯线，以免造成触电或短路事故。

（4）绝缘带平时不可放在温度很高的地方，也不可浸染油类。

【实操训练】

1．训练内容

导线绝缘层的恢复。

2．所需器材

（1）工具：电工刀、钢丝钳和尖嘴钳。

（2）材料：BV2.5mm²、BV4mm²、BV16mm²（7/1.7）导线、黄蜡带和黑胶带。

3．训练方法

（1）制作导线接头。

（2）完成单股和多芯导线的绝缘层的恢复。

（3）完成绝缘恢复后，将其浸入水中约 30min，然后检查是否渗水。

4．考核评价

考核内容与评价标准如表 2.6 所示。

表 2.6　评价表

序号	主要内容	考核内容	评分标准	配分	扣分	得分
1	单股导线接头的绝缘恢复	熟练掌握单股导线和多芯导线接头的绝缘恢复	（1）包缠方法错误每处扣 10 分 （2）有水渗到导线上每处扣 10 分	50 分		
2	多芯导线接头的绝缘恢复			30 分		
3	社会能力	安全、协作、决策、敬业	教师掌握	20 分		
备注			合计	100 分		
			教师签字：		年　月　日	

第3章 电工仪表与测量

电工仪表是实现电磁测量过程中所需技术工具的总称,是电气系统的测量工具。电工仪表通过测量电流、电压、功率电阻、电能等电气参数,对整个电气系统进行检测、监视和控制,使工作人员及时了解、分析和判断电气设备的工作情况,保证设备的安全和经济运行。

3.1 电工仪表常识

1. 电工仪表的基本组成和工作原理

电工指示仪表的基本组成框图如图3.1所示。

图 3.1 电工指示仪表基本组成框图

基本工作原理:测量线路将被测电量或非电量转换成测量机构能直接测量的电量时,测量机构活动部分在偏转力矩的作用下偏转。同时,测量机构产生反作用力矩的部件所产生的反作用力矩也作用在活动部件上,当转动力矩与反作用力矩相等时,可动部分便停止下来指示被测量的大小。

2. 电工仪表的分类

(1) 按照测量方法分
电工仪表主要分为直读式仪表和比较式仪表。
直读式仪表:根据仪表指针所指位置从刻度盘上直接读数,如电流表、万用表、兆欧表等。
比较式仪表:将被测量与已知的标准量进行比较来测量,如电桥、接地电阻测量仪等。
(2) 其他分类方法
① 按读数方式可分为指针式、光标式、数字式等;
② 按安装方式可分为携带式和固定安装式;
③ 按仪表防护性能可分为普通型、防尘型、防溅型、防水型、水密型、气密型、隔爆型等7种;

④ 按仪表测量的参数可分为电流表、电压表、功率表、电度表、欧姆表、兆欧表等。

⑤ 按被测物理量性质分类，可分为直流电表、交流电表和交直流电表。交流电表一般都是按正弦交流电的有效值标度的。

⑥ 按仪表的工作原理不同，可分为磁电式、电磁式、电动式、感应式等。

3. 仪表的误差

仪表的误差是指仪表的指示值与被测量的真实值之间的差异。

（1）仪表的误差分为基本误差和附加误差两部分

基本误差：指仪表在正常工作条件下，由于仪表的结构、工艺方面的不完善所引起的，或者由于仪表的结构、工艺等方面的不完善而产生的误差。基本误差的大小是用仪表的引用误差表示的。

附加误差：由仪表使用时的外界因素影响所引起的，如外界温度、外来电磁场、仪表工作位置等。

（2）误差的表示方法

误差通常用绝对误差、相对误差和引用误差来表示。

① 绝对误差。仪表的指示值 A_x 与被测量实际值 A_0 之间的差值，称为绝对误差，用 Δ 表示。

计算式：$\Delta = A_x - A_0$

② 相对误差。绝对误差 Δ 与被测量实际值 A_0 比值的百分数，称为相对误差，用 γ 表示。

计算式：$\gamma = \Delta / A_0 \times 100\%$

③ 引用误差。绝对误差 Δ 与仪表量程（最大读数）A_m 比值的百分数，称为引用误差，用 γm 表示。

计算式：$\gamma_m = \Delta / A_m \times 100\%$

4. 仪表准确度

在正常的使用条件下，仪表的最大绝对误差 Δm 与仪表量程 A_m 比值的百分数，称为仪表的准确度（$\pm K\%$），表达式为 $\pm K = \Delta m / A_m \times 100\%$。

在工业测量中，为了便于表示仪表的质量，通常用准确度等级来表示仪表的准确程度。准确度等级就是最大引用误差去掉正负号及百分号。准确度等级是衡量仪表质量优劣的重要指标之一。仪表准确度习惯上称为精度，准确度等级习惯上称为精度等级。

我国工业仪表准确度等级（精度等级）分为 0.1、0.2、0.5、1.0、1.5、2.5、5.0 7 个等级，其基本误差如表 3.1 所示。仪表准确度等级数字越小，其基本误差越小，说明仪表精度越高，通常 0.1 级和 0.2 级仪表为标准表；0.5 级至 1.0 级仪表用于实验室；1.5 级至 5.0 级则用于工程测量。实践证明，仪表测量结果的精确度，不仅与仪表的准确度等级有关，而且与它的量程也有关。因此，通常选择量程时应尽可能使读数占满刻度 2/3 以上。

表 3.1　仪表准确度等级的基本误差

准确度等级	0.1	0.2	0.5	1.0	1.5	2.5	5.0
基本误差（%）	±0.1	±0.2	±0.5	±1.0	±1.5	±2.5	±5.0

3.2 电流表与电压表

电流表又称为安培表，用于测量电路中的电流。

电压表又称为伏特表，用于测量电路中的电压。

1. 电流表、电压表结构与工作原理

按其工作原理的不同，分为磁电式、电磁式、电动式三种类型。

（1）磁电式仪表的结构与工作原理

磁电式仪表主要由永久磁铁、极靴、铁芯、活动线圈、游丝、指针等组成，如图3.2（a）所示。

工作原理：当被测电流流过线圈时，线圈受到磁场力的作用产生电磁转矩绕中心轴转动，带动指针偏转，游丝也发生弹性形变。当线圈偏转的电磁力矩与游丝形变的反作用力矩相平衡时，指针便停在相应位置，在面板刻度标尺上指示出被测数据。

（2）电磁式仪表的结构与工作原理

电磁仪表主要由固定部分和可动部分组成。以排斥型结构为例，固定部分包括圆形的固定线圈和固定于线圈内壁的铁片，可动部分包括固定在转轴上的可动铁片、游丝、指针、阻尼片和零位调整装置，如图3.2（b）所示。

工作原理：当固定线圈中有被测电流通过时，线圈电流的磁场使定铁片和动铁片同时被磁化，极性相同而互相排斥，产生转动力矩，定铁片推动动铁片运动，动铁片通过传动轴带动指针偏转。当电磁偏转力矩与游丝形变的反作用力矩相等时，指针停转，面板上指示值即为所测数值。

（3）电动式仪表的结构与工作原理

电动式仪表主要由固定线圈、可动线圈、指针、游丝和空气阻尼器等组成，如图3.2（c）所示。

工作原理：当被测电流流过固定线圈时，该电流变化的磁通在可动线圈中产生电磁感应，从而产生感应电流。可动线圈受固定线圈磁场力的作用产生电磁转矩而发生转动，通过转轴带动指针偏转，在刻度板上指出被测数值。

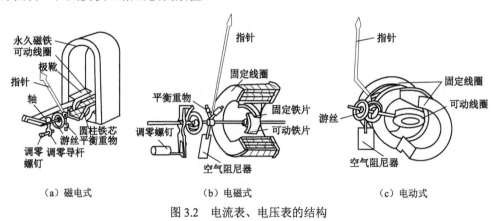

（a）磁电式　　　　　　　（b）电磁式　　　　　　　（c）电动式

图 3.2　电流表、电压表的结构

2．电流的测量

测量电流时，电流表必须与被测电路串联。

（1）交流电流的测量

测量时，交流电流通常采用电磁式电流表。在测量量程范围内将电流表串入被测电路即可，如图 3.3 所示。

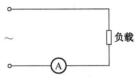

图 3.3　交流电流的测量

测量较大电流时，必须扩大电流表的量程。可在表头上并联分流电阻或加接电流互感器，其接法如图 3.4 所示。

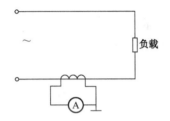

图 3.4　用互感器扩大交流电流表量程

（2）**直流电流的测量**

直流电流的测量，通常采用磁电式电流表。

直流电流表有正、负极性，测量时，必须将电流表的正端接到被测电路的高电位端，负端接到被测电路的低电位端，如图 3.5 所示。

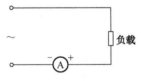

图 3.5　直流电流的测量

被测电流超过电流表允许量程时，须采取措施扩大量程。对磁电式电流表，可在表头上并联低阻值电阻制成的分流器，如图 3.6 所示。

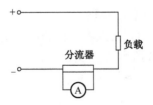

图 3.6　用分流器扩大量程

对电磁式电流表，可通过加大固定线圈线径来扩大量程，也可将固定线圈接成串、并联形式做成多量程表，如图 3.7 所示。

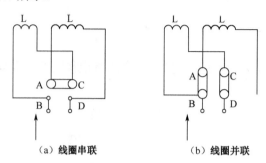

（a）线圈串联　　　　　　（b）线圈并联

图 3.7　电磁式电流表扩大量程

3．电压的测量

测量电压时，电压表必须与被测电路并联。

（1）交流电压的测量

测量交流电压时，通常采用电磁式电压表。

在测量量程范围内，将电压表直接并入被测电路即可，如图 3.8 所示。

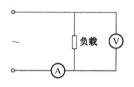

图 3.8　交流电压的测量

用电压互感器来扩大交流电压表的量程，如图 3.9 所示。

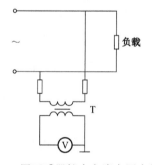

图 3.9　用互感器扩大交流电压表量程

（2）直流电压的测量

测量直流电压时，通常采用磁电式电压表。

直流电压表有正负极性，测量时，必须将电压表的正端接到被测电路的高电位端，负端接到被测电路的低电位端，如图 3.10 所示。

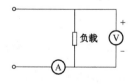

图 3.10　直流电压的测量

电压表串联分压电阻扩大量程，如图 3.11 所示。

图 3.11 串联分压电阻扩大量程

3.3 万用表

万用表是一种多功能、多量程的便携式电工仪表，一般的万用表可以测量直流电流、直流电压、交流电压和电阻等。有些万用表还可测量电容、功率、晶体管共射极直流放大系数 h_{FE} 等，所以万用表是电工必备的仪表之一。万用表可分为指针式万用表和数字式万用表。

3.3.1 指针式万用表

1. 指针式万用表的结构

指针式万用表主要由表头、测量线路、转换开关三部分组成，如图 3.12 所示。

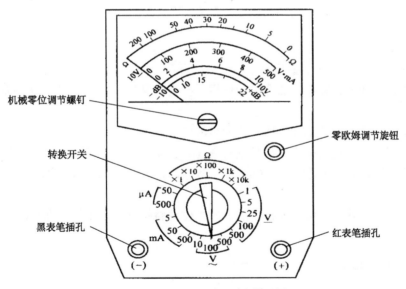

图 3.12 MF-30 型万用表外形图

（1）表头

表头是一只高灵敏度的磁电式直流电流表，万用表的主要性能指标基本上取决于表头的性能。表头的灵敏度是指表头指针满刻度偏转时流过表头的直流电流值，这个值越小，表头的灵敏度越高。测电压时的内阻越大，其性能就越好。表头上有四条刻度线，功能如下。

第一条（从上到下）标有"R"或"Ω"，指示的是电阻值，转换开关在欧姆挡时，即读此条刻度线。

第二条标有"∽"和"VA"，指示的是交、直流电压和直流电流值，当转换开关在交、直流电压或直流电流挡，量程在除交流 10V 以外的其他位置时，即读此条刻度线。

第三条标有"10V"，指示的是 10V 的交流电压值，当转换开关在交直流电压挡，量程在交流 10V 时，即读此条刻度线。

第四条标有"dB"，指示的是音频电平。

（2）测量电路

测量电路是用来把各种被测量转换到适合表头测量的微小直流电流的电路，它由电阻、半导体元件及电池组成，黑表笔与万用表内部电池的正极连接，红表笔与万用表内部电池的负极连接。它能将各种不同的被测量（如电流、电压、电阻等）、不同的量程，经过一系列的处理（如整流、分流、分压等）统一变成一定量限的微小直流电流送入表头进行测量。

（3）转换开关

转换开关用来选择各种不同的测量电路，以满足不同种类和不同量程的测量要求。

2．符号含义

① "∽"表示交直流。

② "V-2.5kV 4000Ω/V"表示对于交流电压及 2.5kV 的直流电压挡，其灵敏度为 4000Ω/V。

③ "A-V-Ω"表示可测量电流、电压及电阻。

④ "45～65～1000Hz"表示使用频率范围为 1000Hz 以下，标准工频范围为 45～65Hz。

⑤ "DC2000Ω/V"表示直流挡的灵敏度为 2000Ω/V。

3．测量前准备工作

在使用前要做好测量的准备工作。

（1）熟悉转换开关、旋钮、插孔等的作用，检查表盘符号，"∏"表示水平放置，"⊥"表示垂直使用。

（2）了解刻度盘上每条刻度线所对应的被测电量。

（3）检查红色和黑色两根表笔所接的位置是否正确，红表笔插入"+"插孔，黑表笔插入"−"插孔，有些万用表另有交直流 2500V 高压测量端，在测高压时黑表笔不动，将红表笔插入高压插口。

（4）机械调零。旋动万用表面板上的机械零位调整螺钉，使指针对准刻度盘左端的"0"位置。

4．交流电压的测量

（1）测量前，将转换开关拨到对应的交流电压量程挡。如果事先不知道被测电压大小，量程宜放在最高挡，以免损坏表头。

（2）测量时，将表笔并联在被测电路或被测元件两端。严禁在测量中拨动转换开关选择量程。

（3）测电压时，要养成单手操作习惯，且注意力要高度集中。

（4）由于表盘上交流电压刻度是按正弦交流电标定的，如果被测电量不是正弦量，误差会较大。

（5）可测交流电压的频率范围一般为 45～1000Hz，如果超过范围，误差会增大。

（6）测量完毕，应将转换开关拨到最高交流电压挡，有的万用表（如 MF500 型）应将转换开关拨到标有"."的空挡位置。

5．直流电压的测量

直流电压的测量方法如下。

（1）把转换开关拨到直流电压挡，并选择合适的量程。当被测电压数值范围不清楚时，可先选用较高的测量范围挡，再逐步选用低挡，测量的读数最好选在满刻度的 2/3 处附近。

（2）把万用表并接到被测电路上，红表笔接到被测电压的正极，黑表笔接到被测电压的负极。测量时，如果表笔的正负极性接错了，表头指针会反打，容易打弯指针。如果不知道被测点电位高低，可将表笔轻轻地试触一下被测点。若指针反偏，说明表笔极性接反了，交换表笔即可。

（3）测量中不允许拨动转换开关。

（4）根据指针稳定时的位置及所选量程，正确读数。

6．直流电流的测量

（1）把转换开关拨到直流电流挡，选择合适的量程。

（2）将被测电路断开，万用表串接于被测电路中。注意正负极性，电流从红表笔流入，从黑表笔流出，不能接反。

（3）在不清楚被测电流大小的情况下，量程宜大不宜小，严禁在测量中拨动转换开关选择量程。

（4）根据指针稳定时的位置及所选量程，正确读数。

（5）测量完毕后，将转换开关置于交流电压最高挡或空挡。

7．电阻的测量

电阻的测量方法如下。

（1）把转换开关拨到欧姆挡，合理选择量程。

（2）两表笔短接，进行电调零，即转动零欧姆调节旋钮，使指针指到电阻刻度右边的"0"Ω 处。

（3）将被测电阻脱离电源，用两表笔接触电阻两端，从表头指针显示的读数乘以所选量程的倍率数即为所测电阻的阻值。例如，选用"$R\times100$"挡测量，指针指示 40，则被测电阻值为 $40\times100=4000\Omega=4k\Omega$。

注意事项：

（1）严禁在被测电路带电的情况下测量电阻。

（2）测量时，不能用手同时触及电阻两端，以避免人体电阻对读数的影响。

（3）测量热敏电阻时，应注意电流热效应会改变热敏电阻的阻值。

8．二极管的测量

（1）万用表检测普通二极管的极性与好坏

检测原理：根据二极管的单向导电性这一特点，性能良好的二极管，其正向电阻小，反向电阻大；这两个数值相差越大越好。若相差不多说明二极管的性能不好或已经损坏。测量时，选用万用表的"欧姆"挡。一般用 $R \times 100$ 或 $R \times 1k$ 挡，而不用 $R \times 1$ 或 $R \times 10k$ 挡。因为 $R \times 1$ 挡的电流太大，容易烧坏，$R \times 10k$ 的内电源电压太大，易击穿二极管。

测量方法：将两表笔分别接在二极管的两个电极上，读出测量的阻值；然后将表笔对换再测量一次，记下第二次阻值。若两次阻值相差很大，说明该二极管性能良好；并根据测量电阻小的那次的表笔接法（称为正向连接），判断出与黑表笔连接的是二极管的正极，与红表笔连接的是二极管的负极。因为万用表的内电源的正极与万用表的"−"插孔连通，内电源的负极与万用表的"＋"插孔连通。如果两次测量的阻值都很小，说明二极管已经击穿；如果两次测量的阻值都很大，说明二极管内部已经断路；如果两次测量的阻值相差不大，说明二极管性能欠佳。在这些情况下，二极管就不能使用了。

必须指出，由于二极管的伏安特性是非线性的，用万用表的不同电阻挡测量二极管的电阻时，会得出不同的电阻值；实际使用时，流过二极管的电流会较大，因而二极管呈现的电阻值会更小些。

（2）特殊类型二极管的检测

① 稳压二极管。稳压二极管是一种工作在反向击穿区、具有稳定电压作用的二极管。其极性与性能好坏的测量与普通二极管的测量方法相似，不同之处在于：当使用万用表的 $R \times 1k$ 挡测量二极管时，测得其反向电阻是很大的，此时，将万用表转换到 $R \times 10k$ 挡，如果出现万用表指针向右偏转较大角度，即反向电阻值减小很多的情况，则该二极管为稳压二极管；如果反向电阻基本不变，说明该二极管是普通二极管，而不是稳压二极管。稳压二极管的测量原理是：万用表 $R \times 1k$ 挡的内电池电压较小，通常不会使普通二极管和稳压二极管击穿，所以测出的反向电阻都很大。当万用表转换到 $R \times 10k$ 挡时，万用表内电池电压变得很大，使稳压二极管出现反向击穿现象，所以其反向电阻下降很多，由于普通二极管的反向击穿电压比稳压二极管高得多，因而普通二极管不击穿，其反向电阻仍然很大。

② 发光二极管 LED（Light Emitting Diode）。发光二极管是一种将电能转换成光能的特殊二极管，是一种新型的冷光源，常用于电子设备的电平指示、模拟显示等场合。它常采用砷化镓、磷化镓等化合物半导体制成。发光二极管的发光颜色主要取决于所用半导体的材料，可以发出红、橙、黄、绿等 4 种可见光。发光二极管的外壳是透明的，外壳的颜色表示了它的发光颜色。发光二极管工作在正向区域，其正向导通（开启）工作电压高于普通二极管。外加正向电压越大，LED 发光越亮，但使用中应注意，外加正向电压不能使发光二极管超过其最大工作电流，以免烧坏管子。对发光二极管的检测方法主要采用万用表的 $R \times 10k$ 挡，其测量方法及对其性能的好坏判断与普通二极管相同。但发光二极管的正向、反向电阻均比普通二极管大得多。在测量发光二极管的正向电阻时，可以看到该二极管有微微的发光现象。

③ 光电二极管。光电二极管又称为光敏二极管，它是一种将光能转换为电能的特殊二极管，其管壳上有一个嵌着玻璃的窗口，以便于接受光线。光电二极管工作在反向工作区。无光照时，光电二极管与普通二极管一样，反向电流很小（一般小于 $0.1\mu A$），光电管的反向电阻很大（几十兆欧以上）；有光照时，反向电流明显增加，反向电阻明显下降（几千欧到几十千欧），即反向电流（称为光电流）与光照成正比。光电二极管可用于光的测量，可当做一种能源（光电池）。它作为传感器件广泛应用于光电控制系统中。光电二极管的检测方法与普通二极管基本相同。不同之处是：有光照和无光照两种情况下，反向电阻相差很大；若测量结果相

差不大，说明该光电二极管已损坏或该二极管不是发光二极管。

9. 三极管的测量方法

（1）管型判别

① 红定黑动法：红表笔接三极管的任一引脚，黑表笔分别接三极管的另外两引脚。当测得阻值小时（几十欧到十几千欧）为 PNP 型；当测得阻值大时（几百千欧以上）为 NPN 型，且红表笔接的是三极管的基极。

② 黑动红定法：与红定黑动法相反。

（2）集电极与发射极的判别

① PNP 型管：基极与红表笔之间用手捏，阻值小的一次红表笔对应的是 PNP 管的集电极，黑表笔对应的是发射极。

② NPN 型管：基极与黑表笔之间用手捏，阻值小的一次黑表笔对应的是 NPN 管的集电极，红表笔对应的是发射极。

（3）判断硅管与锗管

用 $R\times1k$ 挡，测发射结（eb）和集电结（cb）的正向电阻，硅管为 $3\sim10k\Omega$，锗管为 $500\sim1000\Omega$，两结的反向电阻，硅管一般大于 $500k\Omega$，锗管在 $100k\Omega$ 左右。

（4）判断高频管与低频管

用万用表 $R\times1k$ 挡测量基极与发射极之间的反向电阻，如在几百千欧以上，然后将表针拨到 $R\times10k$ 挡，若表针能偏转至满度的一半左右，表明该管为硅管，也就是高频管，若阻值变化很小，表明该管是合金管，即低频管。测量时，对 NPN 管黑表笔接发射极，红表笔接基极；对 PNP 管红表笔接发射极，黑表笔接基极。

10. 晶闸管的测量方法

（1）单向可控硅的检测

万用表选电阻 $R\times1\Omega$ 挡，用红、黑两表笔分别测任意两引脚间正反向电阻直至找出读数为数十欧姆的一对引脚，此时黑表笔的引脚为控制极 G，红表笔的引脚为阴极 K，另一空脚为阳极 A。此时将黑表笔接已判断了的阳极 A，红表笔仍接阴极 K。此时万用表指针应不动。用短线瞬间短接阳极 A 和控制极 G，此时万用表电阻挡指针应向右偏转，阻值读数为 10Ω 左右。如阳极 A 接黑表笔，阴极 K 接红表笔时，万用表指针发生偏转，说明该单向可控硅已击穿损坏。

（2）双向可控硅的检测

用万用表电阻 $R\times1\Omega$ 挡，用红、黑两表笔分别测任意两引脚间正反向电阻，结果其中两组读数为无穷大。若一组为数十欧姆时，该组红、黑表所接的两引脚为第一阳极 A1 和控制极 G，另一空脚即为第二阳极 A2。

确定 A1、G 极后，再仔细测量 A1、G 极间正、反向电阻，读数相对较小的那次测量的黑表笔所接的引脚为第一阳极 A1，红表笔所接引脚为控制极 G。

将黑表笔接已确定的第二阳极 A2，红表笔接第一阳极 A1，此时万用表指针不应发生偏转，阻值为无穷大。再用短接线将 A2、G 极瞬间短接，给 G 极加上正向触发电压，A2、A1 间阻值约 10Ω。随后断开 A2、G 间短接线，万用表读数应保持 10Ω 左右。互换红、黑表笔接线，红表笔接第二阳极 A2，黑表笔接第一阳极 A1。同样万用表指针不应发生偏转，阻值为无穷大。

用短接线将 A2、G 极间再次瞬间短接，给 G 极加上负的触发电压，A1、A2 间的阻值也是 10Ω 左右。随后断开 A2、G 极间短接线，万用表读数应不变，保持在 10Ω 左右。符合以上规律，说明被测双向可控硅未损坏且三个引脚极性判断正确。检测较大功率可控硅时，需要在万用表黑笔中串接一节 1.5V 干电池，以提高触发电压。

【实操训练】

1. 测量 10kΩ 电阻

（1）测量提示

① 将红表笔接万用表"+"极；黑表笔接万用表"−"极。

② 选择合适挡位即欧姆挡，选择合适倍率。

③ 将红黑表笔短接，看指针是否指零。如果不指零，可以通过调整调零按钮使指针指零。

④ 取下待测电阻（10kΩ），即使待测电阻脱离电源，将红黑表笔并联在电阻两端。

⑤ 观察示数是否在表的中值附近，如指针偏转太小，则更换更大量程，否则更换小量程测量。

⑥ 读数时，要使表盘示数乘以倍率。

（2）注意事项

① 欧姆调零时，手指不要触摸表笔金属部分。

② 每换一次倍率挡，都要重新进行欧姆调零，以保证测量准确。

③ 对于难以估计阻值大小的电阻可以采用试接触法，观察表笔摆动幅度，摆动幅度太大要换大的倍率，相反换小的倍率，使指针尽可能在刻度盘的 1/3～2/3 区域内。

④ 使待测电阻脱离电源部分。

2. 测量 36V 交流电压

测量步骤：

（1）将红表笔接万用表"+"极，黑表笔接万用表"−"极。

（2）将万用表选到交流电压挡，选择合适量程（100V）。

（3）将万用表两表笔与被测电路或负载并联。

（4）观察示数是否接近满偏。

3. 测量 1.5V 直流电压

（1）测量步骤

① 将红表笔接万用表"+"极，黑表笔接万用表"−"极。

② 将万用表选到直流电压挡，选择合适量程（5V）。

③ 将万用表两表笔和被测电路或负载并联，且使"+"表笔（红表笔）接到高电位处，"−"表笔（黑表笔）接到低电位处，即让电流从"+"表笔流入，从"−"表笔流出。

（2）注意事项

① 在测量直流电压时，若表笔接反，表头指针会反向偏转，容易撞弯指针；故采用试接触方法，若发现反偏，立刻对调表笔。

② 事先不清楚被测电压的大小时，应先选择最高量程挡，然后逐渐减小到合适的量程。

③ 量程的选择应尽量使指针偏转到满刻度的 2/3 左右。

4．测量 0.15A 直流电流

（1）测量提示

① 将红表笔接万用表"+"极，黑表笔接万用表"-"极。

② 将万用表选到合适挡位即直流电流挡，选择合适量程（500mA）。

③ 将万用表两表笔和被测电路或负载串联，且使"+"表笔（红表笔）接到高电位处，即让电流从"+"表笔流入，从"-"表笔流出。

（2）注意事项

① 在测量直流电流时，若表笔接反，表头指针会反向偏转，容易撞弯指针；故采用试接触方法，若发现反偏，立刻对调表笔。

② 事先不清楚被测电流的大小时，应先选择最高量程挡，然后逐渐减小到合适的量程。

③ 量程的选择应尽量使指针偏转到满刻度的 2/3 左右。

5．考核评价

考核内容与评价标准如表 3.2 所示。

表 3.2　评价表

序号	主要内容	考核内容	评分标准	配分	扣分	得分
1	万用表选择和检查	能正确选用量程和检查判断指针式万用表的好坏	（1）万用表量程选择不正确扣 10 分 （2）万用表检查方法不正确扣 10 分	20 分		
2	操作方法	操作方法正确	每错一处扣 10 分	30 分		
3	读数	能正确读出仪表示数	（1）读数的方法不正确扣 15 分 （2）读数结果不正确扣 15 分	30 分		
4	社会能力	安全、协作、决策、敬业	教师掌握	20 分		
备注			合计	100 分		
			教师签字：		年　　月　　日	

3.3.2　数字式万用表

1．数字式万用表的结构

DT830 型数字式万用表的面板结构如图 3.13 所示。

（1）电源开关

电源开关使用时，将开关置于"ON"位置；使用完毕置于"OFF"位置。

（2）转换开关

转换开关，用以选择功能和量程。根据被测的电量（电压、电流、电阻等）选择相应的功能位，按被测量程的大小选择合适的量程。

（3）输入插座

将黑表笔插入"COM"的插座。红表笔有如下三种插法，测量电压和电阻时插入"VΩ"插座；测量小于 200mA 的电流时插入"mA"插座；测量大于 200mA 的电流时插入"10A"

插座。

（4）显示

DT-830 型数字万用表可显示 4 位数字，其最大指示为"1999"，最高位只能显示"1"（算半位），故称三位半。

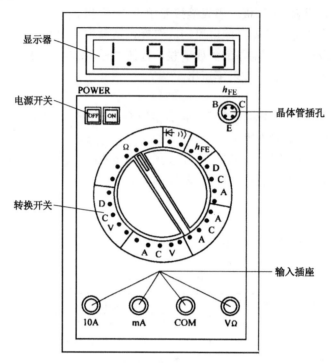

图 3.13   DT-830 型数字万用表

2．测量范围

以 DT-830 型数字万用表为例说明测量范围。

（1）直流电压分为 5 挡，即 200mV、2V、20V、200V 和 1000V。

（2）交流电压分为 5 挡，即 200mV、2V、20V、200V 和 750V。

（3）直流电流分为 5 挡，即 200μA、2mA、20mA 、200mA 和 10A。

（4）交流电流分为 5 挡，即 200μA、2mA、20mA、200mA 和 10A。

（5）电阻分为 6 挡，即 200Ω、2kΩ、20kΩ、200kΩ、2MΩ 和 20MΩ。

3．数字万用表的使用

（1）直流电压、交流电压的测量

先将黑表笔插入 COM 插孔，红表笔插入 V/Ω 插孔，然后将功能开关置于 DCV（直流）或 ACV（交流）量程，并将测试表笔连接到被测源两端，显示器将显示被测电压值。如果显示器只显示"1"，表示超量程，应将功能开关置于更高的量程（下同）。

（2）直流电流、交流电流的测量

先将黑表笔插入 COM 插孔，红表笔需视被测电流的大小而定。如果被测电流最大为 2A，应将红表笔插入 A 孔；如果被测电流最大为 20A，应将红表笔插入 20A 插孔。再将功能开关置于 DCA 或 ACA 量程，将测试表笔串联接入被测电路，显示器即显示被测电流值。

（3）电阻的测量

先将黑表笔插入 COM 插孔，红表笔插入 V/Ω 插孔（注意，红表笔极性此时为"+"，与指针式万用表相反），然后将功能开关置于 Ω 量程，将两表笔连接到被测电路上，显示器将显示被测电阻值。

（4）二极管的测试

先将黑表笔插入 COM 插孔，红表笔插入 V/Ω 插孔，然后将功能开关置于二极管挡，将两表笔连接到被测二极管两端，显示器将显示二极管正向压降的 mV 值，当二极管反向时数字式万用表则显示"1"。

用数字式万用表检查二极管的质量及鉴别所测量的管子是硅管还是锗管的提示：

① 测量结果若在 1V 以下，红表笔所接为二极管正极，黑表笔为二极管负极。

② 显示若为 550～700mV 者为硅管，显示 150～300mV 者为锗管。

③ 如果两个方向均显示超量程，则二极管开路；若两个方向均显示"0"V，则二极管击穿、短路。

（5）**晶体管放大系数 h_{FE} 的测试**

将功能开关置于 h_{FE} 挡，然后确定晶体管是 NPN 型还是 PNP 型，并将发射极、基极、集电极分别插入相应的插孔。此时，显示器将显示出晶体管的放大系数 h_{FE} 值。

① 基极判别。将红表笔接某极，黑表笔分别接其他两极，若都出现超量程或电压都小，则红表笔所接为基极；若一个超量程，一个电压小，则红表笔所接不是基极，应换引脚重测。

② 管型判别。在上面测量中，若显示都超量程，为 PNP 管；若电压都小（0.5～0.7V），则为 NPN 管。

③ 集电极、发射极判别。用 h_{FE} 挡判别。在已知管子类型的情况下（此处设为 NPN 管），将基极插入 B 孔，其他两极分别插入 C、E 孔。若结果为 h_{FE}＝1～10（或十几），则三极管接反了；若 h_{FE}＝10～100（或更大），则接法正确。

（6）带声响的通断测试

先将黑表笔插入 COM 插孔，红表笔插入 V/Ω 插孔，然后将功能开关置于通断测试挡（与二极管测试量程相同），将测试表笔连接到被测导体两端。如果表笔之间的阻值低于 30Ω，蜂鸣器会发出声音。

（7）注意事项

① 不允许带电测量电阻，否则会烧坏万用表。

② 万用表内干电池的正极与面板上"−"号插孔相连，干电池的负极与面板上的"+"号插孔相连。在测量电解电容和晶体管等器件的电阻时要注意极性。

③ 每换一次倍率挡，要重新进行电调零。

④ 不允许用万用表电阻挡直接测量高灵敏度表头内阻，以免烧坏表头。

⑤ 不准用两只手捏住表笔的金属部分测电阻，否则会将人体电阻并接于被测电阻而引起测量误差。

⑥ 测量完毕，将转换开关置于交流电压最高挡或空挡。

【实操训练】

1. 训练内容

（1）测量电阻。

（2）测量电压。

（3）测量电流。

（4）测量二极管。

（5）测量三极管。

2．所需器材

数字万用表、电阻、二极管、直流电源、交流电源和灯泡等。

3．考核评价

考核内容与评价标准如表 3.3 所示。

表 3.3　评价表

序号	主要内容	考核内容	评分标准	配分	扣分	得分
1	数字式万用表选择和检查	能正确选用量程和检查判断数字式万用表的好坏	（1）数字式万用表选择不正确扣 10 分 （2）数字式万用表检查方法不正确扣 10 分	20 分		
2	操作方法	操作方法正确	每错一处扣 10 分	30 分		
3	读数	能正确读出仪表示数	（1）读数的方法不正确扣 15 分 （2）读数结果不正确扣 15 分	30 分		
4	社会能力	安全、协作、决策、敬业	教师掌握	20 分		
备注			合计	100 分		
			教师签字：		年　　月　　日	

3.4　钳形电流表

通常用电流表测量负载电流时，把电流表串联在电路中。但是在施工现场需要临时检查电气设备的负载情况或线路流过的电流时，如果先把线路断开，然后把电流表串联到电路中，就会很不方便。此时应采用钳形电流表测量电流，这样就不必把线路断开，可以直接测量负载电流的大小了。

1．结构和工作原理

钳形电流表外形结构如图 3.14 所示。测量部分主要由一只电磁式电流表和穿心式电流互感器组成。穿心式电流互感器铁芯做成活动开口，且成钳形。

工作原理：当被测载流导线中有交变电流通过时，交变电流的磁通在互感器副绕组中感应出电流，使电磁式电流表的指针发生偏转，在表盘上可读出被测电流值。

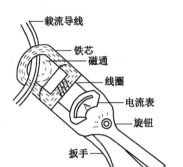

图 3.14　钳形电流表的外形结构

2．测量步骤

（1）测量前，应检查指针是否在零位，否则，应进行机械调零。

（2）测量时，量程选择旋钮应置于适当位置，以便测量时指针处于刻度盘中间区域，减少测量误差。

（3）如果被测电路电流太小，可将被测载流导线在钳口部分的铁芯上缠绕几圈再测量，然后将读数除以穿入钳口内导线的根数即为实际电流值。

（4）测量时，将被测导线置于钳口内中心位置，可减小测量误差。

（5）钳形表用完后，应将量程选择旋钮放至最高挡。

3．注意事项

（1）被测电路的电压要低于钳形电流表的额定电压。

（2）测高压线路的电流时，要戴绝缘手套，穿绝缘鞋，站在绝缘垫上。

（3）钳口要闭合紧密，不能带电转换量程。

（4）量程应选择合适。选量程时应先选大，后选小量程，或看铭牌值估算。

（5）将导线放在钳口中央。

（6）测量完毕，要将转换开关放在最大量程处。

4．测量技巧

测量 5A 以下的小电流时，为提高测量精度，在条件允许的情况下，可将被测导线多绕几圈，再放入钳口进行测量。此时实际电流应是仪表读数除以放入钳口中的导线圈数。

【实操训练】

1．训练内容

三相异步电动机空载、负载电流的测量。

提示：三相异步电动机空载运行时，三相绕组中通过的电流称为空载电流。绝大部分的空载电流用来产生旋转磁场，称为空载激磁电流，它是空载电流的无功分量。一般小型电动机的空载电流约为额定电流的 30%～70%，大中型电动机的空载电流约为额定电流的 20%～40%。

2．所需器材

钳形电流表、导线和三相异步电动机等。

3．操作步骤

（1）检查钳形电流表是否完好，按下手柄，看钳口是否能够灵活开启。

（2）测量前对钳形电流表进行机械调零。

（3）按电路图连接三相异步电机。

（4）根据铭牌示数确定空载电流及额定电流，以此选择合适量程。

（5）测量时，应使被测导线处在钳口的中央，并使钳口闭合紧密，以减小误差。

（6）测量完毕，要将转换开关放在最大量程处。

4．考核评价

考核内容与评价标准如表 3.4 所示。

表 3.4　评价表

序号	主要内容	考核内容	评分标准	配分	扣分	得分
1	钳形电流表选择和检查	能正确使用量程和判断钳形电流表的好坏	（1）钳形电流表选择不正确扣 10 分 （2）钳形电流表检查方法不正确扣 10 分	20 分		
2	操作方法	操作方法正确	每错一处扣 10 分	40 分		
3	读数	能正确读出仪表示数	不能进行正确读数扣 20 分	20 分		
4	社会能力	安全、协作、决策、敬业	教师掌握	20 分		
备注			合计	100 分		
			教师签字：		年　月　日	

3.5　兆欧表

兆欧表是一种测量电器设备及电路绝缘电阻的仪表。

1．结构和工作原理

兆欧表外形如图 3.15（a）所示，主要由手摇直流发电机（或交流发电机加整流器）、磁电式流比计（表头）、接线桩 L（电路端）、E（接地端）和 G（屏蔽端）组成。

常用的手摇式兆欧表，主要由磁电式流比计和手摇直流发电机组成，输出电压有 500V、1000V、2500V、5000V 几种。随着电子技术的发展，现在也出现用干电池及晶体管直流变换器把电池低压直流转换为高压直流，来代替手摇发电机的兆欧表。工作原理可用图 3.15（b）来说明。

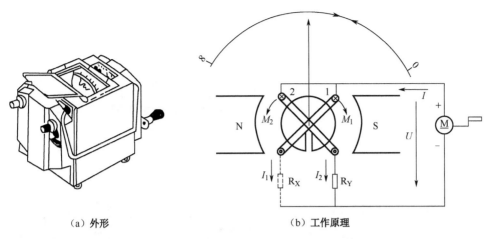

（a）外形　　　　　　　　　　　（b）工作原理

图 3.15　兆欧表的外形和工作原理示意图

2．兆欧表的选择

通常兆欧表按其额定电压分为 500V、1000V、2500V、5000V 几种。应根据被试设备的额定电压来选择兆欧表，兆欧表的额定电压过高，可能在测试中损坏被试设备绝缘。一般来说，额定电压为 1000V 以下的设备，选用 1000V 的兆欧表；额定电压为 1000V 及以上的设备，则用 2500V 兆欧表。

3．使用方法

（1）检查兆欧表

使用前应检查兆欧表是否完好。检查的方法是：先将兆欧表的接线端子间开路，按兆欧表额定转速（约每分钟 120 转）摇动兆欧表手柄，观察表头指针指示状态，指针应该指向"∞"；然后将线路和地端子短路，摇动手柄，指针应该指向"0"。否则，需调换或修理后再使用。

（2）对被测设备断电和放电

对运行中的设备进行试验前，应确认该设备已断电，而后还应对地充分放电。对电容量较大的被测设备（如发电机、电缆、大中型变压器、电容器等），放电时间不少于 2min。测量前应对设备和线路进行放电，减少测量误差。

（3）接线

按图 3.16 所示的接线方法进行接线。接线中，兆欧表到被测物的连线应尽量短，线路与接地端子的连线间应相互绝缘良好。

（4）摇测绝缘电阻和吸收比

保持兆欧表额定转速，均匀摇转其手柄，观察兆欧表指针的指示，同时记录时间。分别读取摇转 15s 和 60s 时的绝缘电阻 R15″和 R60″。如前所述，R60″／R15″的比值即为被试物的吸收比。通常以 R60″作为被试物的绝缘电阻值。读数完毕以后，应先将兆欧表线路端子的接线与被测物断开，然后再停止摇转；若线路端子接线尚未与被试物断开就停止摇转，有可能由于被测物电容电流反充电而损坏兆欧表。在试验大容量设备时更要注意这一点。

（5）对被试物放电

测量结束后，被试物对地还应进行充分放电，对电容量较大的被测设备，其放电时间同样不应少于 2min。

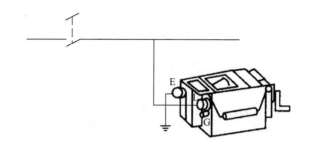

（a）测量电路的绝缘电阻

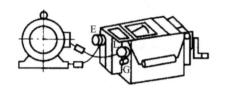

（b）测量电动机的绝缘电阻

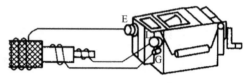

（c）测量电缆的绝缘电阻

图 3.16　兆欧表的接线方法

（6）记录

记录的内容包括被试设备的名称、编号、铭牌规范、运行位置，试验现场的湿度及摇测被测设备所得的绝缘电阻值和吸收比值等。

（7）注意事项

① 禁止在雷电时或高压设备附近测绝缘电阻，只能在设备不带电也没有感应电的情况下测量。

② 摇测过程中，被测设备上不能有人工作。

③ 摇表线不能绞在一起，要分开。

④ 摇表未停止转动之前或被测设备未放电之前，严禁用手触及。拆线时，也不要触及引线的金属部分。

⑤ 测量结束时，对于大电容设备要放电。

⑥ 要定期校验其准确度。

【实操训练】

1．训练内容

测量三相异步电动机定子绕组的绝缘电阻。

提示：三相异步电动机定子绕组对称且相互绝缘，把接线盒内三相绕组的连接片全部拆开，用表可以测量两相间的绝缘电阻，以及相对机座的绝缘电阻。注意，绝缘电阻应不得小于 0.5MΩ。

2．所需器材

兆欧表、导线和三相异步电动机等。

3．操作步骤

（1）选择合适的兆欧表。根据三相异步电动机的电压需要选用 500V 的兆欧表。

（2）检查兆欧表是否完好。测量前应将摇表进行一次开路和短路试验，检查摇表是否合格。将两连接线开路，摇动手柄，指针应指在"∞"处。再把两连接线短接一下，指针应指在"0"处，符合上述条件者即合格，否则不能使用。

（3）拆开异步电动机接线盒，并拆去之间的连接片。

（4）检查引出线的标记是否正确，转子转动是否灵活，轴伸端径向有无偏摆的情况。

（5）将三相异步电动机的其中一相的线芯接 L 端，另一端 E 端接其绝缘层；然后按顺时针方向转动摇把，摇动的速度应由慢而快，当转速达到 120r/min 左右时（ZC-25 型），保持匀速转动 1min 后读数，并且要边摇边读数，不能停下来读数。

（6）拆线放电。

（7）安装好三相异步电动机接线盒，收拾好工具和仪表。

4．考核评价

考核内容与评价标准见表 3.5 所示。

表 3.5　评价表

序号	主要内容	考核内容	评分标准	配分	扣分	得分
1	兆欧表选择和检查	能正确选用量程和判断表的好坏	（1）兆欧表选择不正确扣 10 分 （2）兆欧表检查方法错误扣 10 分	20 分		
2	接线	能正确接线	接错一处扣 5 分	20 分		
3	操作方法	操作方法正确	每错一处扣 5 分	20 分		
4	读数	能正确读出仪表示数	（1）读数的方法不正确扣 10～20 分 （2）读数结果不正确扣 10～20 分	20 分		
5	社会能力	安全、协作、决策、敬业	教师掌握	20 分		
备注			合计	100 分		
			教师签字：　　　　　　　年　　月　　日			

3.6　功率表

1．单相功率表的选用及接线规则

功率表通常都是多量程的，一般有两个电流量程、两个或三个电压量程。现以 D26-W 型功率表为例说明其使用方法。

（1）正确选择功率表的电流量程和电压量程。电流量程不能低于负载电流，同时电压量程不能低于负载电压。

（2）功率表上标有"*"号的电流端和电压端被称为发电机端，这是为了使接线不致发生

错误而标出的特殊标记。功率表的正确接法必须遵守"发电机端"的接线规则，即功率表标有
"*"号的电流端必须接至电源的一端，而另一电流端则接至负载端。功率表的电流线圈是串联
接入电路的。功率表上标有"*"号的电压端可以接至电流端的任意一端，而另一个电压端则
跨接至负载的另一端。功率表的电压支路是并联接入被测电路的。

（3）功率表接线方式。功率表有两种不同的接线方式，即电压线圈前接和电压线圈后接。

① 电压线圈前接法。如图 3.17（a）所示，适用于负载电阻远比电流线圈电阻大得多的情
况。因为这时电流线圈中的电流虽然等于负载电流，但电压支路两端的电压包含负载电压和电
流线圈两端的电压，即功率表的读数中多出了电流线圈的功率消耗。如果负载电阻远比电压线
圈电阻大，那么引起的误差就比较小。

② 电压线圈后接法。如图 3.17（b）所示，适用于负载电阻远比电压支路电阻小得多的情
况。此时与电压线圈前接法情况相反，虽然电压支路两端的电压与负载电压相等，但电流线圈
中的电流却包括负载电流和电压支路电流。如果电压线圈的电阻远比负载电阻大，则电压支路
的功耗对测量结果的影响就较小。

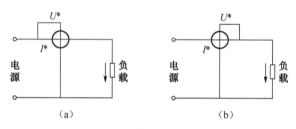

图 3.17　功率表接线方式

（4）单相功率表测量三相功率。

在三相四线制电路中，负载对称，可用一只单相功率表测量其中一相负载的功率，然后将
该表读数乘以 3 即为三相对称负载总功率。这种方法称为一表法，如图 3.18 所示。

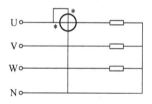

图 3.18　对称三相负载功率测量（一表法）

在三相四线制电路中负载多数是不对称的，需用三个单相功率表才能测其三相功率，三个
单相功率表的接线如图 3.19 所示，每个功率表测量一相的功率，三个单相功率表测得的功率之
和等于三相总功率，这种方法称为三表法。

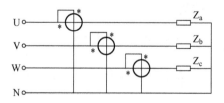

图 3.19　不对称三相四线负载功率的测量（三表法）

在三相三线制电路中，无论负载对称还是不对称，均可用两个单相功率表测三相功率。这种方法称为两表法。三相总功率等于两只功率表测得的功率的代数和。两表法测三相电路的连接方法如图 3.20 所示。两功率表的电流线圈串联接入任意两线，使通过电流线圈的电流为三相电路的线电流（电流线圈的"*"端必须接到电源侧）；两功率表电压线圈的"*"端必须接到该功率表电流线圈所在的线，而一端必须同时接到没有接功率表电流线圈的第三条线上。

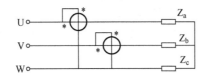

图 3.20　三相三线（对称与不对称）负载功率的测量（两表法）

【实操训练】

1．训练内容

（1）用单相功率表测量白炽灯（220V/15W）功率。
（2）用单相功率表测量三相异步电动机功率。

2．所需器材

功率表、白炽灯、导线和三相异步电动机等。

3．考核评价

考核内容与评价标准见表 3.6。

表 3.6　评价表

序号	主要内容	考核内容	评分标准	配分	扣分	得分
1	单相功率表	能正确选用单相功率表并判断其好坏	（1）功率表的选择不正确扣 10 分 （2）功率表检查方法不正确扣 10 分	20 分		
2	接线	能正确接线	接错一处扣 5 分	20 分		
3	操作方法	操作方法正确	每错一处扣 5 分	20 分		
4	读数	能正确读出仪表示数	（1）读数方法不正确扣 10～20 分 （2）读数结果不正确扣 10～20 分	20 分		
5	社会能力	安全、协作、决策、敬业	教师掌握	20 分		
备注			合计	100 分		
			教师签字：	年　　月　　日		

3.7　电度表

电度表有单相电度表和三相电度表两种。三相电度表又有三相三线制和三相四线制电度表两种。电度表按接线方式不同，又可分为直接式和间接式两种，直接式三相电度表常用的规格有 10A、20A、30A、50A、75A 和 100A 等多种，一般用于电流较小的电路上；间接式三相电度表常用的规格是 5A，它与电流互感器连接后，用于电流较大的电路上。

1. 电度表类型的选择

（1）对于单相负载，选择单相电度表；三相负载，选用三相电度表。

（2）根据负载额定电压，以及要求测量值的准确度，选择电度表的型号。应使电度表的额定电压与负载额定电压相符，电度表的额定电流大于或等于负载的最大电流。

（3）当没有负载时，电度表的铝盘应该静止不转；当电度表的电流线路中无电流而电压线路上有额定电压时，其铝盘转动应不超过潜动允许值。

2. 单相电能的测量

在低电压（380V 或 220V）、电流（5A 或 10A 以下）的单相交流电路中，电度表可以直接接在线路上测量单相电能。单相电度表的接线共有 4 个接线桩头，从左到右按 1、2、3、4 编号。接线方法一般按号码 1、3 接电源进线，2、4 接电源出线，如图 3.21 所示。

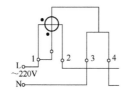

图 3.21　单相电度表接线图

3. 三相四线制电能的测量

三相有功电能的测量采用三相四线制电度表。这种电度表实际上就是三个单相电度表的组合，它内部有三组完全相同的电磁元件，分别作用在同一转轴的铝盘上，可以直接读出三相负载所消耗的总电能，图 3.22 所示为三相四线制电度表的接线图，共有 11 个接线桩头，从左至右按 1、2、3、4、5、6、7、8、9、10、11 编号，其中 1、4、7 是电源相线的进线桩头，用来连接从总熔丝盒下桩头引出来的三根相线；3、6、9 是相线的出线桩头，分别去接总开关的三个进线桩头；10、11 是电源中性线的进线桩头和出线桩头，2、5、8 三个接线桩头可以空着。

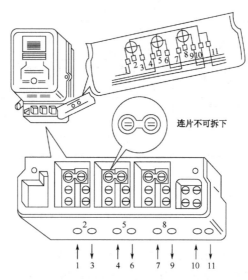

图 3.22　三相四线制电度表的接线图

4．电度表与电流互感器的连接

电度表与电流互感器的连接比较复杂。在接线前要查看附在电度表上的说明书，根据说明书上的要求和接线图把进线和出线依次对应编号接在电度表的线头上。接线时应遵守发电机端守则，即将电流和电压线圈有"*"的一端，一起接到电源的同一极性端上。电流互感器的一次侧接线是从 P1 进线，从 P2 出线。电流互感器的二次侧"S2"或"K2"接线端子必须可靠接地。电流互感器次级"S2"或"K2"接线端子必须可靠接地。安装时电流互感器应装在电度表的上方。还要注意电源的相序，接线后经反复检查无误后再合闸通电。如图 3.23 所示为电度表与电流互感器的连接线路。

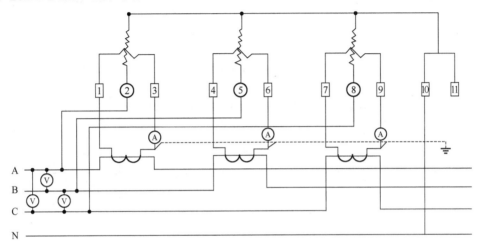

图 3.23　电度表与电流互感器的连接线路

5．电度表的读数

使用电度表的目的是测量出负载所消耗电能的度数，所以一定要掌握怎样从电度表的读数求得实际消耗的电度数。

（1）如果电度表未经互感器直接接入线路，可以从电度表直接读得实际电度数。

（2）如果电度表利用电压互感器和电流互感器扩大量程时，应考虑电压互感器和电流互感器的电压变比和电流变比，实际消耗的电能应为电度表的读数乘以电流互感器和电压互感器的变比值。

6．使用互感器注意事项

电流互感器和电压互感器在安装及运行时要注意三点。

（1）在二次侧电流互感器不得开路，电压互感器不得短路；

（2）电流互感器和电压互感器的二次侧有一端必须接地；

（3）电流互感器和电压互感器两侧接线端子的极性必须接对。

【实操训练】

1．训练内容

用单相电度表测量白炽灯（5 个 220V/15W）15min 所消耗的电能。

2．所需器材

电度表、白炽灯和导线等。

3．考核评价

考核内容与评价标准如表 3.7 所示。

表 3.7　评价表

序号	主要内容	考核内容	评分标准	配分	扣分	得分
1	单相电度表	能正确选用单相电度表并判断其好坏	（1）电度表的选择不正确扣 10 分 （2）单相电度表检查方法不正确扣 10 分	20 分		
2	接线	能正确接线	接错一处扣 5 分	20 分		
3	操作方法	操作方法正确	每错一处扣 5 分	20 分		
4	读数	能正确读出仪表示数	（1）读数方法不正确扣 10～20 分 （2）读数结果不正确扣 10～20 分	20 分		
5	社会能力	安全、协作、决策、敬业	教师掌握	20 分		
备注			合计	100 分		
			教师签字：		年　　月　　日	

第4章　室内电气照明和线路安装

电气照明广泛应用于生产和生活领域中。室内配电线路的安装是电工技术中的一项基本技能。本章项目主要进行常用照明灯具的安装、照明配电板的安装、室内配电线路布线和漏电保护器安装等技能训练。

4.1　照明与配电线路安装

4.1.1　照明灯具安装训练

1. 照明灯具安装

（1）照明灯具安装的一般要求

各种灯具、开关、插座及所有附件，都必须安装牢固可靠，应符合规定的要求。壁灯及吸顶灯要牢固地敷设在建筑物的平面上；吊灯必须装有吊线盒，每只吊线盒一般只允许装一盏电灯（双管日光灯和特殊吊灯除外），日光灯和较大的吊灯必须采用金属链条或其他方法支持。灯具与附件的连接必须正确可靠。

（2）照明灯控制常有下列两种基本形式

一种是用一只单联开关控制一盏灯，其电路如图 4.1 所示。接线时，开关应接在相线上，这样在开关切断后，灯头就不会带电，以保证使用和维修的安全。

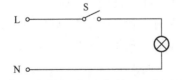

图 4.1　单联开关控制一盏灯电路

另一种是用两只双联开关，在两个地方控制一盏灯，其电路如图 4.2 所示。这种形式通常用于楼梯或走廊上，在楼上楼下或走廊两端均可控制灯的接通和断开。

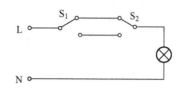

图 4.2　双联开关控制一盏灯电路

2. 白炽灯的安装

白炽灯也称钨丝灯泡，灯泡内充有惰性气体，当电流通过钨丝时，将灯丝加热到白炽状态而发光，白炽灯的功率一般为 15～300W。白炽灯结构简单、使用可靠、价格低廉、便于安装和维修。室内白炽灯的安装方式常有吸顶式、壁式和悬吊式三种。

下面以悬吊式为例介绍其具体安装步骤。

（1）安装圆木。

（2）安装吊线盒。

（3）安装灯头。

（4）安装开关。

3. 日光灯的安装

日光灯又称荧光灯，由灯管、启辉器、镇流器、灯座和灯架等部件组成。灯管中充有水银蒸气和氩气，灯管内壁涂有荧光粉，灯管两端装有灯丝，通电后灯丝能发射电子轰击水银蒸气，使其电离，产生紫外线，激发荧光粉而发光。

日光灯发光效率高、使用寿命长、光色较好、经济省电，故被广泛使用。日光灯按功率分，常用的有 6W、8W、15W、20W、30W、40W 等多种；按外形分，常用的有直管形、U 形、环形、盘形等多种；按发光颜色分，又分为日光色、冷光色、暖光色和白光色等多种。

日光灯的安装方式有悬吊式和吸顶式，吸顶式安装时，灯架与天花板之间应留 15mm 的间隙，以利通风。具体安装步骤如下。

（1）安装前的检查

安装前先检查灯管、镇流器、启辉器等有无损坏，镇流器和启辉器是否与灯管的功率相匹配。特别注意，镇流器与日光灯管的功率必须一致，否则不能使用。

（2）各部件安装

镇流器的安装：悬吊式安装时，应将镇流器用螺钉固定在灯架的中间位置；吸顶式安装时，不能将镇流器放在灯架上，以免散热困难，可将镇流器放在灯架外的其他位置。

启辉器的安装：将启辉器座固定在灯架的一端或一侧边上，两个灯座分别固定在灯架的两端，中间的距离按所用灯管长度量好，使灯脚刚好插进灯座的插孔中。

其他安装：吊线盒和开关的安装与白炽灯的安装方法相同。

（3）电路接线

各部件位置固定好后，进行接线。接线完毕要对照电路图仔细检查，以防接错或漏接。然后把启辉器和灯管分别装入插座内。接电源时，其相线应经开关连接在镇流器上，通电试验正常后，即可投入使用。

【实操训练】

1．训练内容

两地控制一盏灯安装。

2．所需器材

双联墙壁开关 2 只，220V 灯泡和灯口各 1 个，导线等。

3．注意事项

注意学生人身安全。

4．考核评价

考核内容与评价标准如表 4.1 所示。

表 4.1　评价表

序号	主要内容	考核内容	评分标准	配分	扣分	得分
1	导线正确选择和安装	（1）正确选择导线和规范布线	（1）导线选择错误扣 5～10 分	10 分		
2	两只双联开关安装接线	（2）双联开关正确接线	（2）双联开关接线错误扣 10～30 分	50 分		
3	安装灯座	（3）灯座接线正确	（3）灯座接线错误扣 10～20 分	20 分		
4	社会能力	安全、协作、决策、敬业	教师掌握	20 分		
备注			合计	100 分		
			教师签字：		年　　月　　日	

4.1.2　配电板及插座安装

1．配电板安装工艺

照明配电板装置是用户室内照明及电器用电的配电点，输入端接在供电部门送到用户的进户线上，它将计量、保护和控制电器安装在一起，便于管理和维护，有利于安全用电。

单相照明配电板一般由电度表、控制开关、过载和短路保护器等组成，如图 4.3 所示。要求较高的还装有漏电保护器。

（1）闸刀开关的安装

闸刀开关的作用是控制用户电路与电源之间的通断，在单相照明配电板上，一般采用胶盖瓷底闸刀开关。开关上端的一对接线端子与静触点相连，规定接电源进线，只有这样，当闸刀拉下时，刀片和熔丝上才不会带电，保证了装换熔丝的安全。

安装固定闸刀开关时，手柄一定要竖直方向安装，不能平装，更不能倒装，以防拉闸后，手柄由于重力作用而下落，引起误合闸。

（2）单相电度表的安装

电度表又称电能表，是用来对用户的用电量进行计量的仪表。按电源相数分有单相电度表和三相电度表，在小容量照明配电板上，大多使用单相电度表。

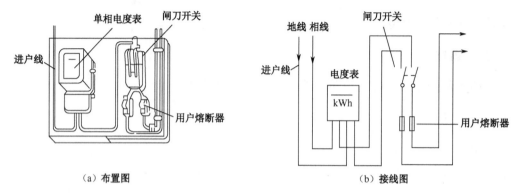

（a）布置图　　　　　　　　　　　　　（b）接线图

图 4.3　单相照明配电板图

① 电度表的选择。选择电度表时，应考虑照明灯具和其他用电器具的总耗电量，电度表的额定电流应大于室内所有用电器具的总电流，电度表所能提供的电功率为额定电流和额定电压的乘积。

② 电度表的安装。单相电度表一般应安装在配电板的左边，而开关应安装在配电板的右边，与其他电器的距离大约为 60mm。安装时应注意，电度表与地面必须垂直，否则将会影响电度表计数的准确性。

③ 电度表的接线。单相电度表的接线盒内有四个接线端子，自左向右为①、②、③、④编号，接线方法是①、③接进线，②、④接出线，如图 4.4 所示。也有的电度表接线特殊，具体接线时应以电度表所附接线图为依据。

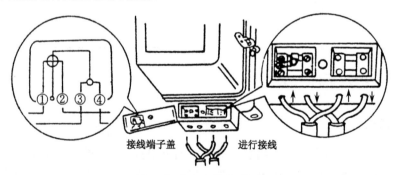

接线端子盖　　　进行接线

图 4.4　电度表的接线图

2. 电源插座的安装工艺

电源插座是各种用电器具的供电点。单相插座分双孔和三孔，三相插座为四孔。照明线路上常用单相插座，使用时最好选用扁孔的三孔插座，它带有保护接地，可避免发生用电事故。

明装插座的安装步骤工艺与安装吊线盒大致相同。先安装圆木或木台，然后把插座安装在圆木或木台上。对于暗敷线路，需要使用暗装插座，暗装插座应安装在预埋墙内的插座盒中。插座的安装工艺要点及注意事项如下。

（1）两孔插座在水平排列安装时，应零线接左孔，相线接右孔，即左零右火；垂直排列安装时，应零线接上孔，相线接下孔，即上零下火。三孔插座安装时，下方两孔接电源线，零线接左孔，相线接右孔，上面大孔接保护接地线。

（2）插座的安装高度，一般应与地面保持 1.4m 的垂直距离，特殊需要时可以低装，离地高度不得低于 0.15m，且应采用安全插座。但托儿所、幼儿园和小学等儿童集中的地方禁止低装。

（3）在同一块木台上安装多个插座时，每个插座相应位置和插孔相位必须相同，相同电压和相同相数的插座，应选用统一的结构形式，不同电压或不同相数的插座，应选用有明显区别的结构形式，并标明电压。

4.2　室内配电线路布线

4.2.1　室内配电线路布线训练

室内布线就是敷设室内用电器具的供电电路和控制电路，室内布线有明装式和暗装式两种。明装式是导线沿墙壁、天花板、横梁及柱子等表面敷设；暗装式是将导线穿管埋设在墙内、地下或顶棚里。

室内布线方式分有瓷夹板布线、绝缘子布线、槽板布线、护套线布线和线管布线等，暗装式布线中最常用的是线管布线，明装式布线中最常用的是绝缘子布线和槽板布线。

1．室内布线的技术要求

室内布线不仅要使电能安全、可靠地传送，还要使线路布置合理、整齐和牢固，其技术要求如下。

（1）所用导线的额定电压应大于线路的工作电压，导线的绝缘应符合线路的安装方式和敷设环境的条件。导线的截面积应满足供电安全电流和机械强度的要求，一般的家用照明线路选用 2.5mm² 的铝芯绝缘导线或 1.5mm² 的铜芯绝缘导线为宜。

（2）布线时应尽量避免导线有接头，若必须有接头时，应采用压接或焊接，连接方法按导线的电连接中的操作方法进行，然后用绝缘胶布包缠好。穿在管内的导线不允许有接头，必要时应把接头放在接线盒、开关盒或插座盒内。

（3）布线时应水平或垂直敷设，水平敷设时导线距地面不小于 2.5m，垂直敷设时导线距地面不小于 2m，布线位置应便于检查和维修。

（4）导线穿过楼板时，应敷设钢管加以保护，以防机械损伤。导线穿过墙壁时，应敷设塑料管保护，以防墙壁潮湿产生漏电现象。导线相互交叉时，应在每根导线上套绝缘管，并将套管牢靠固定，以避免碰线。

（5）为确保用电的安全，室内电气线路及配电设备和其他管道、设备间的最小距离，应符合有关规定，否则应采取其他保护措施。

2. 室内布线工序

室内布线无论何种方式，主要有以下工序：

（1）按设计图样确定灯具、插座、开关、配电箱等装置的位置。

（2）勘察建筑物情况，确定导线敷设的路径，穿越墙壁或楼板的位置。

（3）在土建未涂灰之前，打好布线所需的孔眼，预埋好螺钉、螺栓或木榫。暗敷线路，还要预埋接线盒、开关盒及插座盒等。

（4）装设绝缘支撑物、线夹或管卡。

（5）进行导线敷设，导线连接、分支或封端。

（6）将出线接头与电器装置或设备连接。

3. 室内线管布线工艺

把绝缘导线穿在线管内敷设，称为线管布线。这种布线方式比较安全可靠，可避免腐蚀性气体侵蚀和遭受机械损伤，适用于公共建筑和工业厂房中。

线管布线有明装式和暗装式两种，明装式要求线管横平竖直、整齐美观；暗装式要求线管短、弯头少。线管布线的步骤与工艺要点如下。

（1）选择线管种类

常用的线管种类有电线管、水煤气管和硬塑料管三种。电线管的管壁较薄，适用于环境较好的场所；水煤气管的管壁较厚，机械强度较高，适用于有腐蚀性气体的场所；硬塑料管耐腐蚀性较好，但机械强度较低，适用于腐蚀性较大的场所。

（2）线管与导线数量

线管种类选择好后，还应考虑线管的内径与导线的直径、根数是否合适，一般要求管内导线的总面积（包括绝缘层）不应超过线管内径截面积的 40%。为了便于穿线，当线管较长时，须装设拉线盒，在无弯头或有一个弯头时，管长不超过 50m；当有两个弯头时，管长不超过40m；当有三个弯头时，管长不超过 20m，否则应选大一级的线管直径。

（3）线管防锈与涂漆

为防止线管年久生锈，应对线管进行防锈处理。管内除锈可用圆形钢丝刷，两头各绑一根钢丝，穿入管内来回拉动，把管内铁锈清除干净。管子外壁可用钢丝刷或电动除锈机进行除锈。除锈后在管子的内外表面涂以防锈漆或沥青。对埋设在混凝土中的线管，其外表面不要涂漆，以免影响混凝土的结构强度。

（4）锯管套丝与弯管

按所需线管的长度将线管锯断，为使管与管或接线盒之间连接起来，需在管端部进行套丝。水煤气管套丝，可用管绞扳。电线管和硬塑料管套丝，可用圆丝扳。套丝完后，应去除管口毛刺，使管口保持光滑，以免划破导线的绝缘层。

根据线路敷设的需要，在线管改变方向时，需将管弯曲。为便于穿线，应尽量减少弯头。需弯管处，其弯曲角度一般要在 90°以上，其弯曲半径，明装管应大于线管直径的 6 倍，暗装管应大于管直径的 10 倍。

对于直径在 50mm 以下的电线管和水气管，可用手工弯管器弯管。对于直径在 50mm 以上的管，可使用电动或液压弯管机弯管。塑料管的弯曲，可采用热弯法，直径在 50mm 以上时，应在管内添沙子进行热弯，以避免弯曲后管径粗细不匀或弯扁。

（5）布管与连接

管子加工好后，就可以按预定的线路布管。布管工作一般从配电箱开始，逐段布至各用电装置处，有时也可相反。无论从哪端开始，都应使整个线路连通。

① 固定管。对于暗装管，如果布在现场浇注的混凝土构件内，可用铁丝将管绑扎在钢筋上，也可用垫块垫起、铁丝绑牢，用钉子将垫块固定在模板上；如果布在砖墙内，一般是在土建砌砖时预埋，否则应先在砖墙上留槽或开槽；如果布在地平面下，需在土建浇注混凝土前进行，用木桩或圆钢打入地中，并用铁丝将管与其绑牢。

对于明装管，为使布管整齐美观，管路应沿建筑物水平或垂直敷设。当管沿墙壁、柱子和屋架等处敷设时，可用管卡或管夹固定；当管沿建筑物的金属构件敷设时，薄壁管应用支架、管卡等固定，厚壁管可用电焊直接点焊在钢构件上；当管进入开关、灯头、插座等接线盒内和有弯头的地方时，也应用管卡固定。

对于硬塑料管，由于其膨胀系数较大，因此沿建筑物表面敷设时，在直线部分每隔 30m 要装一个温度补偿盒。对于安装在支架上的硬塑料管，可以用改变其挠度来适应其长度的变化，故可不装设温度补偿盒。硬塑料管的固定，也要用管卡，但对其间距有一定的要求。

② 管与管连接。无论是明装管还是暗装管，钢管与钢管最好是采用管接头连接。特别是埋地和防爆线管，为了保证接口的严密性，应涂上铅油缠上麻丝，用管钳拧紧。直径 50mm 以上的钢管，可采用外加套管焊接。硬塑料管之间的连接，可采用插入法或套接法。插入法是在电炉上加热管子至柔软状态后扩口插入，并用黏结剂或塑焊密封；套接法是将同直径的塑料管加热扩大成套筒套在管子上，再用黏结剂或塑焊密封。

③ 管接地。为了安全用电，钢管与钢管、配电箱、接线盒等连接处都应做好系统接地。在管路中有了接头，将影响整个管路的导电性能和接地的可靠性，因此在接头处应焊上跨接线。钢管与配电箱上，均应焊有专用的接地螺栓。

④ 装设补偿盒。当管经过建筑物的伸缩缝时，为防止基础下沉不均，损坏管和导线，必须在伸缩缝的旁边装设补偿盒。暗装管补偿盒安装在伸缩缝的一边，明装管通常用软管补偿。

（6）清扫管路穿线。穿线就是将绝缘导线由配电箱穿到用电设备或由一个接线盒穿到另一个接线盒，一般在土建地平和粉刷工程结束后进行。为了不伤及导线，穿线前应先清扫管路，可用压缩空气吹入已布好的线管中，或者用钢丝绑上碎布来回拉上几次，将管内杂物和水分清除。清扫管路后，随即向管内吹入滑石粉，以便于穿线。最后还要在线管端部安装上护线套，然后再进行穿线。穿线时一般用钢丝引入导线，并使用放线架，以便导线不乱又不产生急弯。穿入管中的导线应平行成束进入，不能相互缠绕。为了便于检修换线，穿在管内的导线不允许有接头和绞缠现象。为使穿在管内的线路安全可靠地工作，不同电压和不同回路的导线，不应穿在同一根管内。

4.2.2　漏电保护器的安装

当低压电网发生人体触电或设备漏电时，若能迅速切断电源，就可以使触电者脱离危险或使漏电设备停止运行，从而避免造成事故。在发生上述触电或漏电时，能迅速自动完成切断电源的装置称为漏电保护器，又称漏电保护开关或漏电保护断路器。漏电保护器若与自动开关组装在一起，同时具有短路、过载、欠压、失压和漏电等多种保护功能，它可以防止设备漏电引起的触电、火灾和爆炸事故。

漏电保护器按其动作类型可分为电压型和电流型，电压型性能较差已趋淘汰，电流型漏电保护器可分为单相双极式、三相三极式和三相四极式三类。对于居民住宅及其他单相电路，应用最广泛是单相双极电流型漏电保护器。三相三极式漏电保护器应用于三相动力电路，三相四极式漏电保护器应用于动力、照明混用的三相电路。

1．单相电流型漏电保护器

单相电流型漏电保护器外形如图 4.5 所示，正常运行（不漏电）时，流过相线和零线的电流相等，两者合成电流为零，漏电电流检测元件（零序电流互感器）无漏电信号输出，脱扣线圈无电流而不跳闸；当发生人碰触相线触电或相线漏电，线路对地产生漏电电流，流过相线的电流大于零线电流，两者合成电流不为零，互感器感应出漏电信号，经放大器输出驱动电流，脱扣线圈因有电流而跳闸，起到人体触电或漏电的保护作用。

常用型号为 DZL18—20 的漏电保护器，放大器采用集成电路，具有体积小、动作灵敏、工作可靠的优点。适用于交流额定电压 220V、额定电流 20A 及以下的单相电路中，额定漏电动作电流有 30mA、15mA 和 10mA 可选用，动作时间小于 0.1s。

2．三相电流型漏电保护器

三相漏电保护器在三相五线制供电系统中要注意正确接线，零线有工作零线（N）和保护零线（PE），工作零线与三根相线一同穿过漏电电流检测的互感器铁芯。工作零线不可重复接地，保护零线作为漏电电流的主要回路，应与电气设备的保护零线相连接。保护零线不能经过漏电保护器，末端必须进行重复接地。错误安装漏电保护器会导致保护器误动作或失效。

常用型号为 DZ15L-40/390 的漏电保护器，适用于交流额定电压 380V、额定电流 40A 及以下的三相电路中，额定漏电动作电流有 30mA、50mA 和 75mA（四极为 50mA、75mA 和 100mA）可选用，动作时间小于 0.2s。

3．漏电保护器的安装与使用

（1）照明线路的相线和零线均要经过漏电保护器，电源进线必须接在漏电保护器的正上方，即外壳上标注的"电源"或"进线"的一端，出线接正下方，即外壳上标注的"负载"或"出线"的一端，如图 4.5 所示。

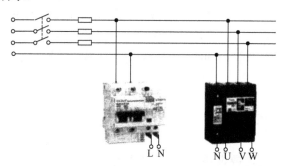

图 4.5　漏电保护器的安装接线图

（2）安装漏电保护器后，不准拆除原有的闸刀开关、熔断器，以便今后的设备维护。

（3）漏电保护器在安装后，在带负荷状态分合三次，不应出现误动作；再按压试验按钮三

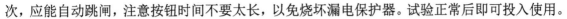

次，应能自动跳闸，注意按钮时间不要太长，以免烧坏漏电保护器。试验正常后即可投入使用。

（4）运行中，每月应按压试验按钮检验一次，检查动作性能确保运行正常。

4．注意事项

（1）装接时，分清漏电保护器进线端和出线端，不得接反。

（2）安装时，必须严格区分中性线和保护线，四极式漏电保护器的中性线应接入漏电保护器。经过漏电保护器的中性线不得作为保护线，不得重复接地或接设备外露的导电部分，保护线不得接入漏电保护器。

（3）漏电保护器中的继电器接地点和接地体应与设备的接地点和接地体分开，否则漏电保护器不起保护作用。

（4）安装漏电保护器后，被保护设备的金属外壳仍应采用保护接地和保护接零。

（5）不得将漏电保护器当作闸刀使用。

第 5 章　常用低压电器

凡是对电能的生产、输送、分配和使用其控制、调节、检测、转换及保护作用的电工器械均成为电器。用于交流 50Hz 额定电压 1200V 以下，直流额定电压 1500V 以下的电路内起通断保护、控制或调节作用的电器称为低压电器。低压电器的品种规格繁多，构造各异。按用途可分为配电电器和控制电器；按动作方式可分为自动电器和手动电器；按执行机构可分为有触点电器和无触点电器；按电器的功能和结构特点，将电器分为刀开关、熔断器、主令电器、接触器、继电器等。

5.1　开关电器

1. 刀开关

刀开关又称闸刀开关，是结构最简单、应用最广泛的一种手控电器。刀开关在低压电路中用于不频繁地接通和分断电路，或者用于隔离电路与电源，故又称"隔离开关"。

（1）刀开关的分类

刀开关按极数分，有单极、双极和三极等；按操作方式分，有直接手柄操作式、杠杆操作机构式、旋转操作式和电动操作机构式；除特殊的大电流刀开关采用电动操作方式外，一般都进行手动操作。

（2）刀开关的结构和工作原理

刀开关由绝缘底板、静插座、手柄、触刀和铰链支座等部分组成，其结构简图如图 5.1 所示。操作时推动手柄使触刀绕铰链支座转动，就可将触刀插入静插座内，电路就被接通。若使触刀绕铰链支座做反向转动，脱离插座，电路就被切断。为了保证触刀和插座合闸时接触良好，它们之间必须具有一定的接触压力。为此，额定电流较小的刀开关插座多用硬紫铜制成，利用材料的弹性来产生所需压力，额定电流大的刀开关还要通过在插座两侧加弹簧片来增加压力。

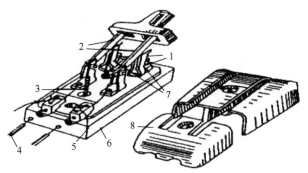

1—电源进线座；2—动触点；3—熔丝；4—负载线；

5—负载接线座；6—瓷底座；7—静触点；8—胶木片

图 5.1　刀开关的结构简图

刀开关在分断有负载的电路时，其触刀与插座之间会产生电弧。为此采用速断刀刃的结构，使触刀迅速拉开，加快分断速度，保护触刀不致被电弧所灼伤。对于大电流刀开关，为了防止各极之间发生电弧闪烁，导致电源相间短路，刀开关各极间设有绝缘隔板，有的设有灭弧罩。

（3）刀开关的符号

刀开关的图形符号和文字符号如图 5.2 所示。

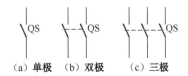

（a）单极　　（b）双极　　（c）三极

图 5.2　刀开关的图形符号和文字符号图

（4）刀开关的型号含义

刀开关的型号含义如下。

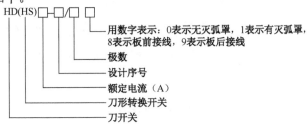

用数字表示：0表示无灭弧罩，1表示有灭弧罩，8表示板前接线，9表示板后接线
极数
设计序号
额定电流（A）
刀形转换开关
刀开关

（5）刀开关的选用原则

刀开关的主要功能是隔离电源。在满足隔离功能要求的前提下，选用的主要原则是保证其额定绝缘电压和额定工作电压不低于线路的相应数据，额定工作电流不小于线路的计算电流。当要求有通断能力时，须选用具备相应额定通断能力的隔离器。如需接通短路电流，则应选用具备相应短路接通能力的隔离开关。

2．组合开关

组合开关又称转换开关，它实质上也是一种刀开关，只不过一般刀开关的操作手柄是在垂直于其安装面的平面内向上或向下转动，而组合开关的操作手柄则是在平行于其安装面的平面内向左或向右转动而已。它的刀片是转动式的，操作比较轻巧，它的动触点（刀片）和静触点装在封装的绝缘件内，采用叠装式结构，其层数由动触点数量决定，动触点装在操作手柄的转轴上，随转轴旋转而改变各对触点的通断状态。它一般用于电源和负载的非频繁的接通和分断，控制小容量异步电动机的启动等。

（1）组合开关的结构

组合开关的结构如图 5.3 所示。

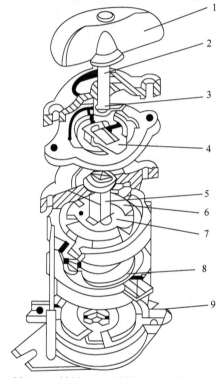

1—手柄；2—转轴；3—弹簧；4—凸轮；5—绝缘杆；

6—绝缘垫板；7—动触片；8—静触片；9—接线柱

图 5.3　组合开关的结构图

（2）组合开关的符号

组合开关的文字符号和图形符号如图 5.4 所示。

图 5.4　组合开关的文字符号和图形符号图

（3）组合开关的型号含义

组合开关的型号含义如下。

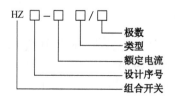

组合开关的主要技术参数有额定电压、额定电流、极数等。其中额定电流有 10A、25A、60A 等规格。全国统一设计的常用产品有 HZS、HZ10 系列和新型组合开关 HZ15 等系列。

3．熔断器

熔断器是一种广泛应用的简单而有效的保护电器。在使用中，熔断器中的熔体（也称保险丝）串联在被保护的电路中，当该电路发生过载或短路故障时，如果通过熔体的电流达到或超过了某一值，则在熔体上产生的热量便会使其温度升高到熔体的熔点，导致熔体自行熔断，达到保护的目的。

（1）熔断器的结构与工作原理

熔断器主要由熔体和安装熔体的熔管或熔座组成。熔体由熔点较低的材料如铅、锌、锡及铅锡合金做成丝状或片状。熔管是熔体的保护外壳，由陶瓷或玻璃纤维制成，在熔体熔断时兼起灭弧作用。

熔断器熔体中的电流为熔体的额定电流时，熔体不熔断；当电路发生严重过载时，熔体在较短时间内熔断；当电路发生短路时，熔体能在瞬间熔断。熔体的这个特性称为反时限保护特性，即电流为额定值时长期不熔断，过载电流或短路电流越大，熔断时间越短。由于熔断器对过载反应不灵敏，不宜用于过载保护，主要用于短路保护。

常用的熔断器有瓷插式熔断器和螺旋式熔断器两种，它们的外形结构和符号如图 5.5 所示。

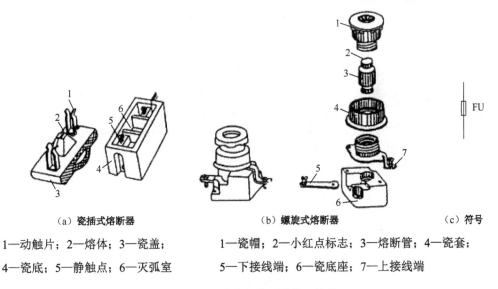

（a）瓷插式熔断器　　　　　（b）螺旋式熔断器　　　　（c）符号

1—动触片；2—熔体；3—瓷盖；　　　1—瓷帽；2—小红点标志；3—熔断管；4—瓷套；

4—瓷底；5—静触点；6—灭弧室　　　5—下接线端；6—瓷底座；7—上接线端

图 5.5　熔断器外形结构及符号

（2）熔断器的选择

熔断器的选择主要是选择熔断器的种类、额定电压、额定电流和熔体的额定电流等。熔断器的种类主要由电气控制系统整体设计时确定，熔断器的额定电压应大于或等于实际电路的工作电压。确定熔体电流应遵循下列原则。

① 电路上、下两级都装设熔断器时，为使两级保护相互配合良好，两极熔体额定电流的比值应不小于 1.6：1。

② 对于照明线路或电阻炉等没有冲击性电流的负载，熔体的额定电流（I_{fN}）应大于或等于电路的工作电流。

③ 保护一台异步电动机时，考虑电动机冲击电流的影响，熔体的额定电流按下式计算：I_{fN} 大于或等于 1.5～2.5 倍的额定电流。

④ 保护多台异步电动机时，若各台电动机不同时启动，则 I 大于或等于最大一台电动机 1.5～2.5 倍的额定电流与其他所有电动机的额定电流之和。

5.2 主令电器

主令电器是用来发布命令、改变控制系统工作状态的电器，它可以直接作用于控制电路，也可以通过电磁式电器的转换对电路实现控制。其主要类型有控制按钮、行程开关、接近开关、万能转换开关、凸轮控制器等。

1. 控制按钮

控制按钮是一种典型的主令电器，其作用通常是用来短时间地接通或断开小电流的控制电路，从而控制电动机或其他电器设备的运行。

（1）控制按钮的结构与符号

常用控制按钮的外形结构与符号如图 5.6 所示。

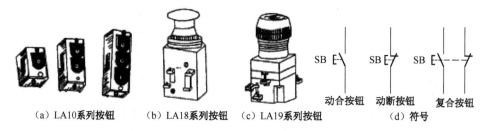

（a）LA10系列按钮　　（b）LA18系列按钮　　（c）LA19系列按钮　　（d）符号

图 5.6　常用控制按钮的外形结构与符号图

典型控制按钮的内部结构如图 5.7 所示。

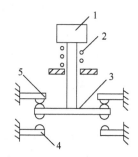

1—按钮帽；2—复位弹簧；3—桥式触点；4—常开触点或动合触点；5—常闭触点或动断触点

图 5.7　典型控制按钮的内部结构图

（2）控制按钮的种类

① 按结构形式可分为旋钮式、指示灯式和紧急式。

旋钮式：用手动旋钮进行操作。

指示灯式：按钮内装入信号灯显示信号。

紧急式：装有蘑菇形钮帽，以示紧急动作。

② 按触点形式可分为动合按钮、动断按钮和复合按钮。

动合按钮：在外力未作用时（手未按下），触点是断开的；在外力作用时，触点闭合，但外力消失后，在复位弹簧作用下自动恢复原来的断开状态。

动断按钮：外力未作用时（手未按下），触点是闭合的；外力作用时，但外力消失后在复位弹簧作用下恢复原来的闭合状态。

复合按钮：既有动合按钮，又有动断按钮的按钮组，称为复合按钮。按下复合按钮时，所有的触点都改变状态，即动合触点要闭合、动断触点要断开。但是，两对触点的变化是有先后次序的，按下按钮时，动断触点先断开，动合触点后闭合；松开按钮时，动合触点先复位，动断触点后复位。

（3）控制按钮的型号含义

按钮开关型号表示方法及含义如下。

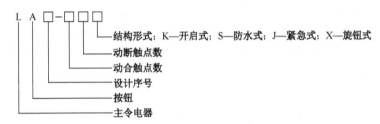

 L A □—□□□

     结构形式：K—开启式；S—防水式；J—紧急式；X—旋钮式

     动断触点数

     动合触点数

     设计序号

     按钮

     主令电器

2. 行程开关

某些生产机械的运动状态的转换，是靠部件运行到一定位置时由行程开关发出信号进行自动控制的。例如，行车运动到终端位置自动停车，工作台在指定区域内的自动往返移动，都是由运动部件运动的位置或行程来控制的，这种控制称为行程控制。

行程控制是以行程开关代替按钮用以实现对电动机的启动和停止控制，可分为限位断电、限位通电和自动往复循环等控制。

（1）行程开关的外形结构及符号

机械式行程开关的外形结构如图 5.8（a）所示，图 5.8（b）所示为行程开关的图形符号，其文字符号为 SQ。

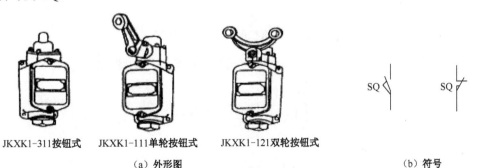

JKXK1-311按钮式 JKXK1-111单轮按钮式 JKXK1-121双轮按钮式

（a）外形图   （b）符号

图 5.8 机械式行程开关的外形结构和图形符号图

（2）行程开关的工作原理

行程开关的工作原理：当生产机械的运动部件到达某一位置时，运动部件上的挡块碰压行程开关的操作头，使行程开关的触点改变状态，对控制电路发出接通、断开或变换某些控制电路的指令，以达到设定的控制要求。

（3）行程开关的型号含义

行程开关的型号含义如下。

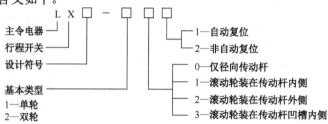

3. 接近开关

接近开关又称无触点接近开关，它是一种无须与运动部件进行机械直接接触而可以操作的位置开关，当物体接近开关的感应面到动作距离时，不需要机械接触及施加任何压力即可使开关动作，从而驱动直流电器或给计算机（PLC）装置提供控制指令。接近开关有行程开关、微动开关的特性。

（1）结构形式及符号

接近开关按其外形可分为圆柱形、方形、沟形、穿孔（贯通）形和分离形。圆柱形比方形安装方便，如图5.9所示。沟形的检测部位是在槽内侧，用于检测通过槽内的物体。贯通形可用于小螺钉或滚珠之类的小零件和浮标组装成水位检测装置等。

图 5.9　圆柱形接近开关外形图

接近开关作为位置开关应用时，电气文字符号和图形符号如图 5.10 所示。

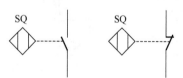

图 5.10　接近开关的图形符号

（2）接近开关种类

接近开关种类有无源接近开关、电感式接近开关、电容式接近开关、霍尔式接近开关、超声波接近开关等。

① 无源接近开关。无源接近开关不需要电源，通过磁力感应控制开关的闭合状态。当磁或铁质触发器靠近开关磁场时，和开关内部磁力作用控制闭合。

特点：不需要电源，非接触式，免维护，环保。

② 电感式接近开关。电感式接近开关开关也称涡流式接近开关。它是利用导电物体在接近这个能产生电磁场接近开关时，使物体内部产生涡流。这个涡流反作用到接近开关，使开关内部电路参数发生变化，由此识别出有无导电物体移近，进而控制开关的通或断。这种接近开关所能检测的物体必须是导电体。

原理：由电感线圈和电容及晶体管组成振荡器，并产生一个交变磁场，当有金属物体接近这一磁场时就会在金属物体内产生涡流，从而导致振荡停止，这种变化被后极放大处理后转换成晶体管开关信号输出。

特点：抗干扰性能好，开关频率高，大于 200Hz，抗环境干扰性能好，应用范围广，价格较低，但只能感应金属。

③ 电容式接近开关。电容式接近开关的测量通常是构成电容器的一个极板，而另一个极板是开关的外壳。这个外壳在测量过程中通常是接地或与设备的机壳相连接。当有物体移向接近开关时，无论它是否为导体，由于它的接近，总要使电容的介电常数发生变化，从而使电容量发生变化，使得和测量头相连的电路状态也随之发生变化，由此便可控制开关的接通或断开。这种接近开关检测的对象，不限于导体、可以绝缘的液体或粉状物等。

④ 霍尔式接近开关。霍尔元件是一种磁敏元件。利用霍尔元件做成的开关，称为霍尔开关。当磁性物件移近霍尔开关时，开关检测面上的霍尔元件因产生霍尔效应而使开关内部电路状态发生变化，由此识别附近有磁性物体存在，进而控制开关的通或断。这种接近开关的检测对象必须是磁性物体。

⑤ 光电式接近开关。利用光电效应做成的开关称为光电开关。将发光器件与光电器件按一定方向装在同一个检测头内。当有反光面（被检测物体）接近时，光电器件接收到反射光后便在信号输出，由此便可"感知"有物体接近。

⑥ 红外光电开关。红外光电开关是一种红外调制型无损检测光电传感器。它采用高效红外发光二极管和光敏三极管作为光电转换元件，工作方式有同轴反射式和对射式两种，使用电源有交流和直流两种。红外光电开关的检测距离为 0.05～10m，并有灵敏度调节及动作前后延时等功能。产品具有体积小、使用简单、性能稳定、寿命长、响应速度快及抗冲击和抗干扰能力强等特点，可广泛应用于现代轻工、机械、冶金、交通、电力、军工及矿山等领域的安全生产、自动生产控制及计算机输入接口信号。

⑦ 其他形式。当观察者或系统对波源的距离发生改变时，接近到的波的频率会发生偏移，这种现象称为多普勒效应。声纳和雷达就是利用这个效应的原理制成的。利用多普勒效应可制成超声波接近开关、微波接近开关等。当有物体移近时，接近开关接收到的反射信号会产生多普勒频移，由此可以识别出有无物体接近。

（3）主要功能

接近开关可以用来检测电梯、升降设备的停止、启动、通过位置；检测车辆的位置；检测工作机械的设定位置；检测移动机器或部件的极限位置；检测回转体的停止位置；检测生产线上流过的产品数；检测高速旋转轴或盘的转数等。

（4）接近开关的接线

接近开关有两线制和三线制的区别，三线制接近开关又分为 NPN 型和 PNP 型，它们的接线是不同的。两线制接近开关的接线比较简单，接近开关与负载串联后接到电源即可。三线制接近开关的接线为：红（棕）线接电源正端；蓝线接电源 0V 端；黄（黑）线为信号，应接负载。负载的另一端是这样接的：对于 NPN 型接近开关，应接到电源正端；对于 PNP 型接近开关，则应接到电源 0V 端。

接近开关的负载可以是信号灯、继电器线圈或可编程控制器 PLC 的数字量输入模块。需要特别注意接到 PLC 数字输入模块的三线制接近开关的形式选择。PLC 数字量输入模块一般可分为两类：一类的公共输入端为电源 0V，电流从输入模块流出（日本模式），此时，一定要选用 NPN 型接近开关；另一类的公共输入端为电源正端，电流流入输入模块，即阱式输入（欧洲模式），此时，一定要选用 PNP 型接近开关。

两线制接近开关受工作条件的限制，导通时开关本身产生一定压降，截止时又有一定的剩余电流流过，选用时应予考虑。三线制接近开关虽多了一根线，但不受剩余电流之类不利因素的困扰，工作更为可靠。

（5）选型和注意事项

对于不同的材质的检测体和不同的检测距离，应选用不同类型的接近开关，以使其在系统中具有高的性能价格比，为此在选型中应遵循以下原则。

① 在一般的工业生产场所，通常都选用涡流式接近开关和电容式接近开关。因为这两种接近开关对环境的要求条件较低。当检测体为金属材料时，应选用高频振荡型接近开关，该类型接近开关对铁镍、A3 钢类检测体检测最灵敏。对铝、黄铜和不锈钢类检测体，其检测灵敏度就低。安装时应考虑环境因素的影响。

② 当检测体为非金属材料时，如木材、纸张、塑料、玻璃和水等，应选用电容型接近开关。

③ 金属体和非金属要进行远距离检测和控制时，应选用光电型接近开关或超声波型接近开关。

④ 对于检测体为金属时，若检测灵敏度要求不高时，可选用价格低廉的磁性接近开关或霍尔式接近开关。

⑤ 在环境条件比较好、无粉尘污染的场合，可采用光电接近开关。光电接近开关工作时对被测对象几乎无任何影响。因此，在要求较高的传真机上、烟草机械上都被广泛地使用。

⑥ 在防盗系统中，自动门通常使用热释接近开关、超声波接近开关、微波接近开关。有时为了提高识别的可靠性，上述几种接近开关往往被复合使用。

无论选用哪种接近开关，都应注意对工作电压、负载电流、响应频率、检测距离等各项指标的要求。

5.3 接触器

接触器是一种适用于在低压配电系统中远距离控制、频繁操作交、直流主电路及大容量控制电路的自动控制开关电器。主要应用于自动控制交、直流电动机，电热设备，电容器组等设备，应用十分广泛。

接触器具有强大的执行机构，大容量的主触点及迅速熄灭电弧的能力。当系统发生故障时，能根据故障检测元件所给出的动作信号，迅速、可靠地切断电源，并有低压释放功能。与保护电器组合可构成各种电磁启动器，用于电动机的控制及保护。

接触器的分类有几种不同的方式，如按操作方式分，有电磁接触器、气动接触器和电磁气动接触器；按灭弧介质分，有空气电磁式接触器、油浸式接触器和真空接触器等；按主触点控制的电流种类分，又有交流接触器、直流接触器、切换电容接触器等。其中应用最广泛的是交流接触器。

1．交流接触器的外形结构与符号

交流接触器的外形结构与符号如图 5.11 所示。

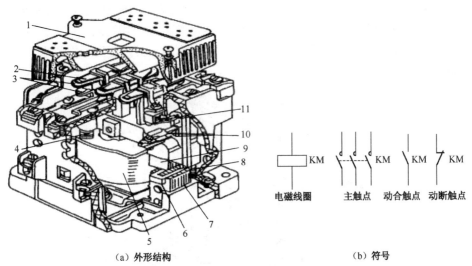

（a）外形结构　　　　　　　　　　　　　（b）符号

1—灭弧罩；2—触点压力弹簧片；3—主触点；4—反作用弹簧；5—线圈；

6—短路环；7—静铁芯；8—弹簧；9—动铁芯；10—辅助动合触点；11—辅助动断触点

图 5.11　交流接触器外形结构及符号

2．交流接触器的组成

（1）电磁机构

电磁机构用来操作触点的闭合和分断，它由静铁芯、线圈和衔铁三部分组成。交流接触器的电磁系统有两种基本类型，即衔铁做绕轴运动的拍合式电磁系统和衔铁做直线运动的直线运动式电磁系统。交流电磁铁的线圈一般采用电压线圈（直接并联在电源电压上的具有较高阻抗的线圈）通以单相交流电，为减少交变磁场在铁芯中产生的涡流与磁滞损耗，防止铁芯过热，其铁芯一般用硅钢片叠铆而成。因交流接触器励磁线圈电阻较小（主要由感抗限制线圈电流），故铜损引起的发热不多，为了增加铁芯的散热面积，线圈一般做成短而粗的圆筒形。

（2）主触点和灭弧系统

主触点用以通断电流较大的主电流，一般由接触面积较大的常开触点组成。交流接触器在分断大电流电路时，往往会在动、静触点之间产生很强的电弧。因此，容量较大（20A 以上）的交流接触器均装有熄弧罩，有的还有栅片或磁吹熄弧装置。

（3）辅助触点

辅助触点用以通断小电流的控制电路，它由常开触点和常闭触点成对组成。辅助触点不装设灭弧装置，所以它不能用来分合主电路。

（4）反力装置

反力装置由释放弹簧和触点弹簧组成，且它们均不能进行弹簧松紧的调节。

（5）支架和底座

支架和底座用于接触器的固定和安装。

3．交流接触器的动作原理

当交流接触器线圈通电后，在铁芯中产生磁通。由此在衔铁气隙处产生吸力，使衔铁产生闭合动作，主触点在衔铁的带动下也闭合，于是接通了主电路。同时衔铁还带动辅助触点动作，使原来打开的辅助触点闭合，并使原来闭合的辅助触点打开。当线圈断电或电压显著降低时，吸力消失或减弱，衔铁在释放弹簧的作用下打开，主、副触点又恢复到原来状态。交流接触器动作原理如图 5.12 所示。

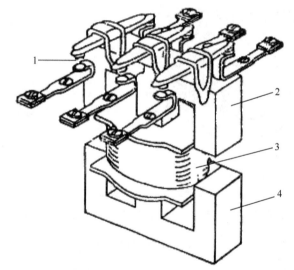

1—主触点；2—动触点；3—电磁线圈；4—静铁芯

图 5.12　交流接触器动作原理图

4．接触器的型号含义

接触器的型号含义如下。

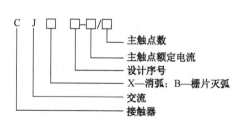

目前我国常用的交流接触器主要有 CJ20、CJXI、CJXZ、CJ12 和 CJ10 等系列，引进产品应用较多的有德国 BBC 公司制造技术生产的 B 系列、德国 SIEMENS 公司的 3TB 系列、法国 TE 公司的 LCI 系列等。

5．交流接触器的选择

（1）接触器的类型选择：根据接触器所控制的负载性质来选择接触器的类型。

（2）额定电压的选择：接触器的额定电压应大于或等于负载回路的电压。

（3）额定电流的选择：接触器的额定电流应大于或等于被控回路的额定电流。

（4）吸引线圈的额定电压选择：吸引线圈的额定电压应与所接控制电路的电压相一致。

（5）接触器的触点数量、种类选择：其触点数量和种类应满足主电路和控制线路的要求。

6．接触器常见故障分析

（1）触点过热

造成触点发热的主要原因有触点接触压力不足、触点表面接触不良、触点表面被电弧灼伤、烧毛等。以上原因都会使触点接触电阻增大，使触点过热。

（2）触点磨损

触点磨损有两种：一种是电气磨损，由触点间电弧或电火花的高温使触点金属气化和蒸发所造成；另一种是机械磨损，由触点闭合时的撞击、触点表面的滑动摩擦等造成。

（3）线圈断电

线圈断电后触点不能复位其原因有触点熔焊在一起、铁芯剩磁太大、反作用弹簧弹力不足、活动部分机械上被卡住、铁芯端面有油污等。

（4）衔铁震动和噪声

产生震动和噪声的主要原因有短路环损坏或脱落；衔铁歪斜或铁芯端面有锈蚀、尘垢，使动、静铁芯接触不良；反作用弹簧弹力太大；活动部分机械上卡阻而使衔铁不能完全吸合等。

（5）线圈过热或电流过大

线圈过热或线圈中流过的电流过大时，就会使线圈过热甚至烧毁。发生线圈电流过大的原因有线圈匝间短路、衔铁与铁芯闭合后有间隙、操作超过了允许操作频率、外加电压高于线圈额定电压等。

7．交流接触器与直流接触器的比较

接触器由磁系统、触点系统、灭弧系统、释放弹簧机构、辅助触点及基座等几部分组成。接触器的基本工作原理是利用电磁原理通过控制电路的控制和可动衔铁的运动来带动触点控制主电路通断的。交流接触器和直流接触器的结构和工作原理基本相同，但也有不同之处。

在电磁机构方面，对于交流接触器，为了减小因涡流和磁滞损耗造成的能量损失和温升，铁芯和衔铁用硅钢片叠成。线圈绕在骨架上做成扁而厚的形状，与铁芯隔离，这样有利于铁芯和线圈的散热。而对于直流接触器，由于铁芯中不会产生涡流和磁滞损耗，因此不会发热，铁芯和衔铁用整块电工软钢做成，为使线圈散热良好，通常将线圈绕制成高而薄的圆筒状，且不设线圈骨架，使线圈和铁芯直接接触以利于散热。对于大容量的直流接触器往往采用串联双绕组线圈，一个为启动线圈，另一个为保持线圈，接触器本身的一个常闭辅助触点与保持线圈并联连接。在电路刚接通瞬间，保持线圈被常闭触点短接，可使启动线圈获得较大的电流和吸力。

当接触器动作后，常闭触点断开，两线圈串联通电，由于电源电压不变，因此电流减小，但仍可保持衔铁吸合，因而可以减少能量损耗和延长电磁线圈的使用寿命。中小容量的交、直流接触器的电磁机构一般都采用直动式磁系统，大容量的采用绕棱角转动的拍合式电磁铁结构。

接触器的触点分为两类：主触点和辅助触点。中小容量的交、直流接触器的主、辅触点一般都采用直动式双断点桥式结构设计，大容量的主触点采用转动式单断点指型触点。交流接触器的主触点流过交流主回路电流，产生的电弧也是交流电弧；直流接触器主触点流过直流主回路电流，电弧也是直流电弧。由于直流电弧比交流电弧难以熄灭，直流接触器常采用磁吹式灭弧装置灭弧，交流接触器常采用多纵缝灭弧装置灭弧。接触器的辅助触点用于控制回路，可根据需要按使用类别选用。

5.4 继电器

继电器是一种根据某种物理量的变化，使其自身的执行机构产生动作的电器。它由输入电路（又称感应元件）和输出电路（又称执行元件）组成。执行元件触点通常接在控制电路中，当感应元件中的输入量（如电流、电压、温度、压力等）变化到某一定值时继电器动作，执行元件便接通或断开控制电路，以达到控制或保护的目的。

继电器的种类很多，主要按以下方法分类。

（1）按用途可分为控制继电器、保护继电器等。

（2）按动作原理可分为电磁式继电器、感应式继电器、热继电器、机械式继电器、电动式继电器、电子式继电器等。

（3）按动作信号可分为电流继电器、电压继电器、时间继电器、速度继电器、温度继电器、压力继电器等。

（4）按动作时间可分为瞬时继电器和延时继电器。

在电力系统中，用得最多的是电磁式继电器。本节主要讲述热继电器和时间继电器。

1. 热继电器

电动机在实际运行中常遇到过载情况。如果电动机过载不大，时间较短，电动机绕组不超过允许温升，这种过载是允许的。但如果过载时间长，过载电流大，电动机绕组的温升就会超过允许值，使电动机绕组绝缘老化，缩短电动机的使用寿命，严重时甚至会使电动机绕组烧毁。所以，这种过载是电动机不能承受的。热继电器就是利用电流的热效应原理，在出现电动机不能承受的过载时切断电动机电路，为电动机提供过载保护的保护电器。热继电器可以根据过载电流的大小自动调整动作时间，具有反时限保护特性，即过载电流大，动作时间短；过载电流小，动作时间长。当电动机的工作电流为额定电流时，热继电器应长期不动作。

热继电器主要用于电动机的过载保护、断相保护、电流不平衡运行的保护及其他电气设备发热状态的控制。

（1）热继电器的外形结构及符号

热继电器的外形结构如图 5.13（a）所示，图 5.13（b）所示为热继电器的图形符号，其文字符号为 FR。

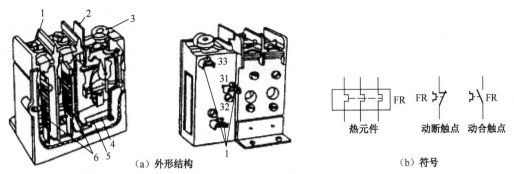

（a）外形结构　　　　　　　　　　　　　　（b）符号

1—接线柱；2—复位按钮；3—调节旋钮；4—动断触点；5—动作机构；6—热元件

图 5.13　热继电器外形结构及符号

（2）热继电器的动作原理

热继电器动作原理示意图如图 5.14 所示。

使用时，将热继电器的三相热元件分别串接在电动机的三相主电路中，动断触点串接在控制电路的接触器线圈回路中。当电动机过载时，流过电阻丝热元件的电流增大，电阻丝产生的热量使金属片弯曲。经过一定时间后，弯曲位移增大，推动导板移动，使其动断触点断开、动合触点闭合；使接触器线圈断电、接触器触点断开，将电源断电起到过载保护作用。

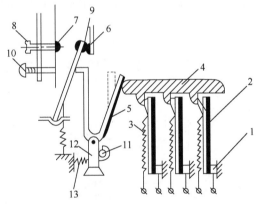

1—推杆；2—主双金属片；3—加热元件；4—导板；5—补偿双金属片；6、7—静触点；

8—复位调节螺钉；9—动触点；10—复位按钮；11—调节旋钮；12—支撑件；13—弹簧

图 5.14　热继电器动作原理示意图

（3）热继电器的型号含义

JR16、JR20 系列是目前广泛应用的热继电器，其型号含义如下。

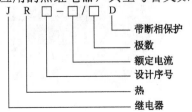

带断相保护
极数
额定电流
设计序号
热
继电器

（4）热继电器的选用

选用热继电器主要应考虑的因素有额定电流或热元件的整定电流要求应大于被保护电路或设备的正常工作电流。作为电动机保护时，要考虑其型号、规格和特性、正常启动时的启动时间和启动电流、负载的性质等。在接线上对星形连接的电动机，可选两相或三相结构的热继电器，对三角形连接的电动机，应选择带断相保护的热继电器。所选用的热继电器的整定电流通常与电动机的额定电流相等。

总之，选用热继电器要注意下列几点。

① 先由电动机额定电压和额定电流计算出热元件的电流范围，然后选型号及电流等级。例如：

电动机额定电流 I_N=14.7A，测可选 JR0-40 型热继电器，因其热元件电流 I_N＝16A。工作时将热元件的动作电流整定在 14.7A。

② 要根据热继电器与电动机的安装条件和环境的不同，将热元件的电流做适当调整，如高温场合，热源间的电流应放大 1.05～1.20 倍。

③ 设计成套电气装置时，热继电器应尽量远离发热电器。

④ 对于点动、重载启动、频繁正反转及带反接制动等运行的电动机，一般不用热继电器作过载保护。

2. 时间继电器

当加入（或去掉）输入的动作信号后，其输出电路需经过规定的准确时间才产生跳跃式变化（或触点动作）的一种继电器，称为时间继电器。即当吸引线圈通电或断电以后，其触点经过一定延时以后再动作，以控制电路的接通或分断。它被广泛用来控制生产过程中按时间原则制定的工艺程序，如作为绕线式异步电动机启动时切断转子电阻的加速继电器，笼型电动机Y/△启动等。

时间继电器的型号含义如下。

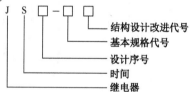

时间继电器的种类很多，主要有电磁式、空气阻尼式、电动式、数显式、电子式等几类，图 5.15 所示为数显式时间继电器，图 5.16 所示为数字式时间继电器。

图 5.15 数显式时间继电器

图 5.16 数字式时间继电器

延时方式有通电延时和断电延时两种。这里以空气阻尼式时间继电器为例介绍。

（1）空气阻尼式时间继电器的外形结构及符号

空气阻尼式时间继电器的外形结构如图 5.17（a）所示。图 5.17（b）所示为时间继电器的图形符号，其文字符号为 KT。

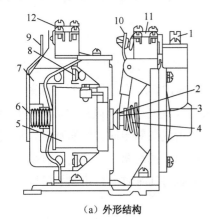

（a）外形结构

1—调节螺丝；2—推板；3—推杆；4—宝塔弹簧；

5—电磁线圈；6—反作用弹簧；7—衔铁；8—铁芯；

9—弹簧片；10—杠杆；11—延时触点；12—瞬时触点

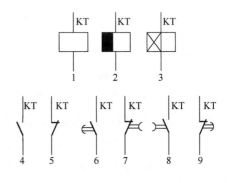

（b）符号

1—线圈一般符号；2—断电延时型线圈；

3—通电延时型线圈；4—瞬时动合触点；

5—瞬时动断触点；6—延时闭合动合触点；

7—延时断开动断触点；8—延时断开动合触点；

9—延时闭合动断触点

图 5.17 时间继电器外形结构及符号

（2）动作原理

图 5.18 所示为 JS7-A 系列时间继电器的结构示意图。

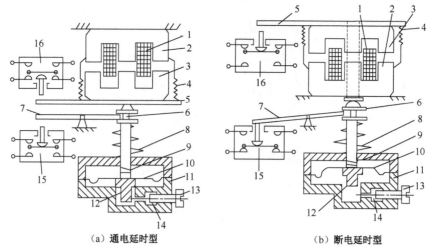

（a）通电延时型　　　　　　（b）断电延时型

1—线圈；2—铁芯；3—衔铁；4—复位弹簧；5—推板；6—活塞杆；7—杠杆；8—塔形弹簧；9—弱弹簧；
10—橡皮模；11—空气室壁；12—活塞；13—调节螺杆；14—进气孔；15、16—微动开关

图5.18　时间继电器结构示意图

空气阻尼式时间继电器又称气囊式时间继电器，它是利用空气阻尼作用达到延时目的的。它由电磁机构、延时机构和触点组成。空气阻尼式时间继电器的电磁机构有交流、直流两种。延时方式有通电延时型和断电延时型（改变电磁机构位置，将电磁机构翻转180°安装）。当动铁芯（衔铁）位于静铁芯和延时机构之间位置时为通电延时型，当静铁芯位于动铁芯和延时机构之间位置时为断电延时型。

现以通电延时型为例说明其工作原理。当线圈1得电后衔铁（动铁芯）3吸合，活塞杆6在塔形弹簧8的作用下带动活塞12及橡皮膜10向上移动，橡皮膜下方空气室变得稀薄，形成负压，活塞杆只能缓慢移动，其移动速度由进气孔气息大小来决定。经一段延时后活塞杆通过7压动微动开关15，使其触点动作，起到通电延时的作用。当线圈断电时，衔铁释放，橡皮膜下方空气室内的空气通过活塞肩部所形成的单向阀迅速地排出，使活塞杆、杠杆、微动开关等迅速复位。当线圈得电到触点动作的一段时间即为时间继电器的延时时间，其大小可以通过调节螺钉13调节进气孔气隙大小来改变。

断电延时型的结构、工作原理与通电延时型相似，只是电磁铁安装方向不同，即当衔铁吸合时推动活塞复位，排出空气。当衔铁释放时活塞杆在弹簧作用下使活塞向下移动，实现断电延时。

在线圈通电和断电时，微动开关16在推板5的作用下都能瞬时动作，其触点即为时间继电器的瞬时动触点。

空气阻尼式时间继电器延时时间有0.4～180S和0.4～60S两种规格，具有延时范围宽、结构简单、工作可靠、价格低廉、寿命长等优点，是交流控制线路中常用的时间继电器。它的缺点是延时误差（±10%～±20%），无调节刻度指示，难以精确地整定延时值。在对延时精度要求高的场合，不宜使用这种时间继电器。

5.5 低压电器的测量

1．训练内容

识别和测量断路器、热继电器、交流接触器、时间继电器。

2．所需器材

万用表 1 只，断路器、热继电器、交流接触器和时间继电器各 1 只。

3．考核评价

考核内容与评价标准如表 5.1 所示。

表 5.1 评价表

序号	主要内容	考核内容	评分标准	配分	扣分	得分
1	万用表使用	能正确熟练使用万用表	万用表使用方法不正确扣 5～10 分	10 分		
2	低压元器件的识别（4 件）	根据实物能正确说出元器件的名称	识别错误一件扣 10 分	30 分		
3	低压元器件检测（4 件）	能够检测元器件好坏	检测错误一件扣 10 分	40 分		
4	社会能力	安全、协作、决策、敬业	教师掌握	20 分		
备注			合计	100 分		
			教师签字：		年 月 日	

第6章 电动机的检修与控制

电动机是工农业生产实现电气化、自动化必不可少的动力设备。掌握电动机的检修与控制原理、启动、制动方法等知识，是培养电工职业能力的需求。

6.1 电动机的认知和检修

6.1.1 电动机的认知和使用

电动机是电能转换成机械能的设备。根据使用电源的不同，电动机按使用电源不同分为直流电动机和交流电动机。电力系统中的电动机大部分是交流电动机。交流电动机可以是同步电动机，也可以是异步电动机。异步电动机的定子磁场转速与转子旋转转速不保持同步。三相异步电动机具有结构简单、使用维护方便、运行可靠、成本低、效率高特点，广泛应用于工农业生产及日常生活中。

1. 三相异步电动机的结构

三相异步电动机的外形如图 6.1 所示。

图 6.1 三相异步电动机外形图

三相异步电动机虽然种类很多，但其基本结构都相同，都是有定子和转子两大部分组成，在定子和转子之间具有气隙（0.25～2mm）。此外还包括端盖、轴承、接线盒等其他附件，下面通过图 6.2 来具体地认识三步异相电动机的基本结构。

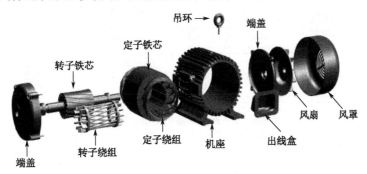

图 6.2　三相异步电动机结构分解图

（1）定子

定子是异步电动机的固定部分，主要由机座、装在机座内的定子铁芯和镶嵌在铁芯中的三相定子绕组构成。定子铁芯一般采用 0.35～0.5mm 厚、两面涂有绝缘漆的硅钢片叠压制成。定子铁芯具有导磁和安放绕组的作用。

定子绕组是电动机的电路部分，由三相对称绕组组成，按照一定规则连接，有 6 个出线端固定在机座的出线盒内，分别是 U1、U2，V1、V2，W1、W2。定子绕组连接成星形如图 6.3（a）所示，定子绕组连接成三角形如图 6.3（b）所示。

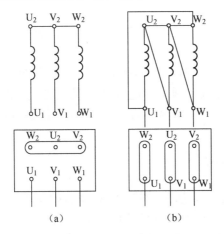

图 6.3　定子绕组连接形式

（2）转子

转子是异步电动机的旋转部分，由转轴、转子铁芯和转子绕组组成。转子的功能是输出机械转矩。根据构造的不同，转子绕组分为鼠笼式和绕线式两种。图 6.2 所示的转子绕组做成鼠笼状，即在转子铁芯的槽中放置导条，两端用端环连接，称为鼠笼式转子。

2．三相异步电动机铭牌

三相异步电动机的铭牌一般形式如图 6.4 所示。

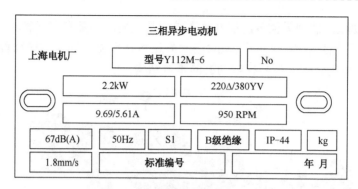

图6.4 三相异步电动机的铭牌

（1）生产制造厂家：上海电机厂。

（2）电机型号为Y112M-6，含义如下：

Y是三相异步电动机；112是机座中心高（单位是mm）；M是机座的长度代号，是中机座；6是6极（极对数P=3）。

（3）额定功率：电动机额定运行时转轴上输出机械功率2.2kW。

（4）额定电压和绕组连接形式：电动机额定状态时，定子绕组△形连接时的线电压是220V或Y连接时线电压是380V。

（5）额定电流：电动机额定运行状态时，定子绕组△形连接时的线电流是9.69A，或者Y连接时相电流是5.61A。

（6）额定转速：电动机在上述额定值下转子的转速，单位为950转/分（RPM或r/min）。

（7）噪声等级：67dB。

（8）额定频率：额定状态下电动机应接电源的频率是50Hz。

（9）工作制：S1是连续工作方式。

（10）绝缘等级：绝缘等级是B级，其极限工作温度是130℃。

（11）防护等级：防护等级是IP44。防尘等级是防止直径或厚度大于1.0mm的工具、电线及类似的小型外物侵入而接触到电器内部的零件；防水等级是防止各个方向飞溅而来的水侵入电器而造成损坏。

3. 三相异步电动机的选择

三相异步电动机的应用较广，所拖动的生产机械多种多样，其要求也各不相同。选用电动机时应从技术和经济两方面综合考虑，以使用、经济、合理和可靠为主要原则，正确选用电动机的种类、形式、功率和转速等，确保电动机安全可靠地运行。

（1）功率的选择

功率选得过大不经济，功率选得过小电动机容易因过载而损坏。

对于连续运行的电动机，所选功率应等于或略大于生产机械的功率。

对于短时工作的电动机，允许在运行中有短暂的过载，故所选功率可等于或略小于生产机械的功率。

（2）种类的选择

一般应用场合应尽可能选用鼠笼式电动机。只有在需要调速、不能采用鼠笼式电动机的场合才选用绕线式电动机。

（3）结构形式的选择

根据工作环境的条件选择不同的结构形式，如开启式、防护式、封闭式电动机。

（4）电压的选择

根据电动机的类型、功率及使用地点的电源电压来决定。

Y 系列鼠笼式电动机的额定电压只有 380V 一个等级。大功率电动机采用 3000V 和 6000V 的电压。

（5）转速的选择

应综合考虑电动机的工作要求、系统动能储存量和节能等因素，确定选择电动机的额定转速。

4．三相异步电动机的常见故障现象

电动机在日常的运行过程中若使用或维护不当，常会发生一些故障，如电动机通电后不能启动，转速过快、过慢，电动机在运行过程中温升过高，有异常的响声和振动，电动机绕组冒烟、烧焦等。通常会出现下列故障现象。

（1）通电后电动机不能转动，但无异响，也无异味和冒烟。

（2）通电后电动机不转，然后熔丝烧断，有异味和冒烟。

（3）通电后电动机不转，有嗡嗡声。

（4）电动机启动困难，额定负载时，电动机转速低于额定转速较多。

（5）电动机空载电流不平衡，三相相差大。

（6）电动机空载、过负载时，电流表指针不稳、摆动。

（7）电动机空载电流平衡，但数值大。

（8）电动机运行时响声不正常，有异响。

（9）运行中电动机振动较大，轴承过热，电动机过热甚至冒烟。

5．三相异步电动机的故障原因

三相异步电动机发生故障可能是由于电气或机械引起的。

机械故障原因包括轴承的松动变形，机座松动磨损，端盖、铁芯的变形或断裂等。其中电气故障占总故障的 2/3，机械故障占总故障的 1/3。

电气故障包括各种类型的开关、按钮、熔断器、电刷和绕组的绝缘损坏，定子绕组短路、断路和接线错误，启动设备发生异常等。具体电气故障原因如下。

（1）定子绕组故障原因

电动机的老化、受潮、腐蚀性气体的认识；机械力、电磁力的冲击；电动机在运行中长期过载、过电压、欠电压、两相运转等。

（2）转子绕组故障原因

转子材料或制造质量不佳，运行启动频繁，操作不当，高速的正反转造成剧烈冲击。

6．三相异步电动机的检修

（1）检测项目

直流电阻的测定：主要检查其三相直流电阻是否平衡，要求误差不超过平均值的 4%。

绝缘电阻的测定：测量对地绝缘电阻；测量相间绝缘电阻。

（2）电动机运行中的监视与维护

看、听、闻、摸。

看：电动机外观是否正常，运行时是否有电火花产生。

听：电动机运行时发出的声音是否正常。

闻：电动机运行时发出的焦臭味，说明电动机温度过高，应停车检修。

摸：电动机停机后，可触摸机座，如果很烫手，说明电动机过热。

6.1.2　拆装三相异步电动机

在对三相异步电动机进行大修和小修维护保养时，可能需要对电动机进行拆装，如果拆卸方法不正确，有可能损坏电动机的零部件，不仅使维修质量难以得到保证，而且会在今后留下后遗症。因此，需要掌握三相异步电动机维护保养的能力，正确掌握电动机的拆卸和装配技术。

【相关知识点】

1．电动机拆卸工具的认识

（1）拉马

拉马是拆卸电动机的皮带轮或轴承的工具，又称拉拔器或拉具。图 6.5 所示为普通二爪拉马，图 6.6 所示为普通三爪拉马，图 6.7 所示为液压三爪拉马。

图 6.5　普通二爪拉马　　　　图 6.6　普通三爪拉马　　　　图 6.7　液压三爪拉马

（2）紫铜棒

紫铜棒是用来传递力量，可以避免直接敲击而造成轴或轴承等金属表面的损伤。

（3）其他工具

其他工具有活扳手、套筒扳手、铁锤、橡皮锤、螺丝刀等。

2．拆装前的准备

（1）必须断开电源，拆除电动机与外部电源的连接线，并标好电源线在接线盒的相序标记，以免安装电动机时相序改变。

（2）检查拆卸电动机的专用工具是否齐全。

（3）做好相应的标记和必要的数据记录。

① 在皮带轮或联轴器的轴端做好定位标记，测量并记录联轴器或皮带轮与轴台间的距离。

② 在电动机机座与端盖的接缝处做好标记。

③ 在电动机的出轴方向及引出线在机座上的出口方向做好标记。

3．拆卸步骤

（1）拆下皮带轮或联轴器，卸下电动机尾部的风罩。

（2）拆下电动机尾部扇叶。

（3）拆下前轴承外盖和前、后端盖紧固螺钉。

（4）用木板或紫铜棒垫在转轴前端，用木榔头敲打转轴前端，将转子和后端盖从机座中敲出。

（5）从定子中取出转子。

（6）用木棒或紫铜棒伸进定子铁芯，顶住前端盖内侧，用榔头将前端盖敲离机座。最后拉下前后轴承及轴承内盖。

4．安装三相异步电动机

（1）装配前的准备

① 认真检查装配工具是否齐备、合用。

② 检查装配环境、场地是否清洁、合适。

③ 彻底清扫定子、转子内表面的尘垢、漆瘤。

④ 用灯光检查气隙、通风沟、止口处和其他空隙有无杂物，并清除干净。

⑤ 检查槽楔、绑扎带和绝缘材料是否到位，是否有松动、脱落，有无高出定子铁芯表面的地方，如果有，应清除掉。

⑥ 检查各相定子绕组的冷态直流电阻是否基本相同，各相绕组对地绝缘电阻和相间绝缘电阻是否符合要求。

（2）装配步骤

① 电动机的装配顺序大致与拆卸相反。

② 装配前要保证各配面还有定转子干净，并试擦油污，抹上机油或润滑油。

③ 装配端盖时要根据拆卸时所做的记号进行装配。绕线型电动机则要装上刷架、刷握、电刷等，要注意保护环与电刷表面，并使之密切吻合。

④ 装配轴承，如图 6.8 所示。

⑤ 端盖装配，如图 6.9 所示。

⑥ 装配风扇叶、皮带轮、保护罩等。

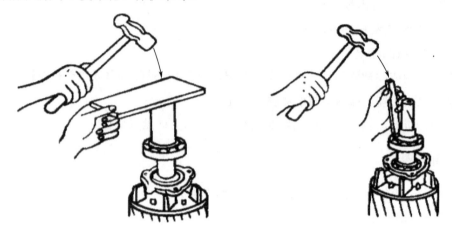

（a）用套筒敲打　　　　　　　　　　　　　（b）用铜棒敲打

图 6.8　轴承的装配图

图 6.9　端盖装配图

【实操训练】

1. 训练内容

拆卸和安装三相异步电动机。

2．所需器材

三相异步电动机 1 台，兆欧表和万用表各 1 只，拆卸电动机工具 1 套。

3．考核评价

考核内容与评价标准如表 6.1 所示。

表 6.1　评价表

序号	主要内容	考核内容	评分标准	配分	扣分	得分
1	拆卸电动机	拆卸电动机的顺序及方法	拆卸顺序错误扣 15 分 拆卸方法错误扣 15 分	30 分		
2	装配电动机	装配电动机的顺序及方法	装配顺序错误扣 15 分 装配方法错误扣 15 分	30 分		
3	绝缘电阻测量	测量方法正确；能正确判断测量结果	测量方法正确 5 分 正确判断测量结果 5 分	10 分		
4	绕组直流电阻测量	测量方法正确；能正确判断测量结果	测量方法正确 5 分 正确判断测量结果 5 分	10 分		
5	社会能力	安全、协作、决策、敬业	教师掌握	20 分		
备注			合计	100 分		
			教师签字：	年　月　日		

6.2　三相笼形异步电动机控制线路

6.2.1　点动和连续运转控制线路

三相笼形电动机具有结构简单、价格便宜、坚固耐用、维修方便等优点，获得广泛应用。笼形异步电动机的启动控制有直接启动与减压启动两种。可根据电源变压器容量、电动机容量、电动机启动频繁程度和电动机拖动的机械设备等来分析是否可以采用直接启动。

1．电动机点动控制

点动是指按下按钮时电动机转动，松开按钮时电动机停止。图 6.10 所示为电动机点动电气线路图。点动控制多用于机床刀架、横梁、立柱等快速移动和机床对刀等场合。

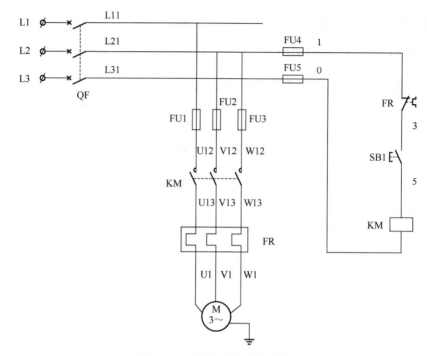

图 6.10　电动机点动控制线路

点动控制的操作及动作过程如下。

首先合上电源开关 QF，接通主电路和控制电路的电源。

按下按钮 SB1，SB1 动合触点接通，接触器 KM 线圈通电，接触器 KM（动合）主触点接通，电动机 M 通电启动并进入运转状态。

松开按钮 SB1，SB1 动合触点断开，接触器 KM 线圈断电，接触器 KM（动合）主触点断开，电动机 M 断电停止运转。

2．连续运转控制（长动控制）

在各种机械设备上，电动机最常见的一种工作状态是连续运转控制。图 6.11 所示为电动机连续运转控制线路图，SB1 为停止按钮，SB2 为启动按钮，FR 为热继电器，M 为三相异步电动机。

连续运转控制是指按下按钮并松开后，电动机能持续运转。实现连续运转控制，需要自锁控制。自锁是接触器利用自身触点来维持自身通电的现象。通常用启动触点（如按钮）与接触器的常开辅助触点并联的方法来实现。

电动机连续运转控制的操作及动作过程。

首先合上电源开关 QF，接通主电路和控制电路的电源。

（1）启动

按下按钮 SB2，SB2 动合触点接通，接触器 KM 线圈通电。接触器 KM 动合辅助触点接通，实现自保持；同时接触器 KM 动合主触点接通，电动机 M 通电启动并进入运行状态。

当接触器 KM 常开辅助触点接通后，即使松开按钮 SB2 仍能保持接触器 KM 线圈通电，所以此常开辅助触点称为自保持触点。

（2）停止

松开按钮 SB1，SB1 动断触点断开，接触器 KM1 线圈断电。接触器 KM 动合辅助触点断开，解除自保持；KM 动合主触点断开，电动机 M 断电停止运行。

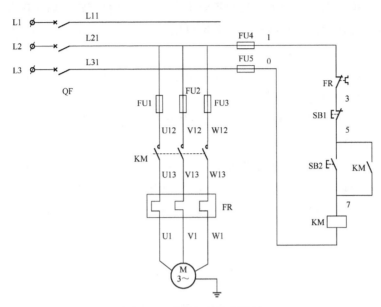

图 6.11　连续运转控制线路

3．点动与连续的混合控制

点动与连续的混合控制线路如图 6.12 所示。合上电源开关 QF，接通主电路和控制电路的电源。

（1）按下按钮，接通 380V（220V）三相交流电源。

（2）按下复合按钮 SB3，松开后观察电动机 M 是否继续运转。

（3）按下按钮 SB1，松开后观察电动机 M 是否继续运转。

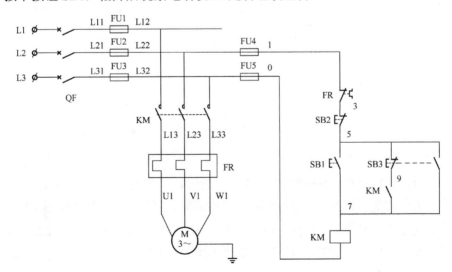

图 6.12　点动与连续的混合控制线路

4．三相笼形异步电动机的正反转控制线路

（1）接触器联锁的正反转控制线路

由电机工作原理可知，要想使三相异步电机反转，只需将旋转磁场旋转方向反过来即可，即在主电路中将三相任意两根相线相序对调都可以实现相序的反接。在主电路中设置两个接触器分别控制正、反转线路。

为防止两个接触器线圈同时得电而造成主电路短路，必须在控制线路中设置联锁控制。下面分别介绍一下几种常用的联锁方案。

① 接触器联锁的正反转控制线路。在对方的接触器线圈线路中串接自己的常闭（动断）触点，设置实现联锁作用的常闭辅助触点，称为联锁触点或互锁触点。

接触器联锁电动机反正转控制线路如图 6.13 所示。该电路的电动机从正传变为反转时，必须先按下停止按钮，才能按下反转启动按钮，否则不能实现反转。

必须指出，接触器 KM1 和 KM2 的主触点绝不允许同时闭合，否则将造成两相电源 L1 相和 L3 相短路事故。

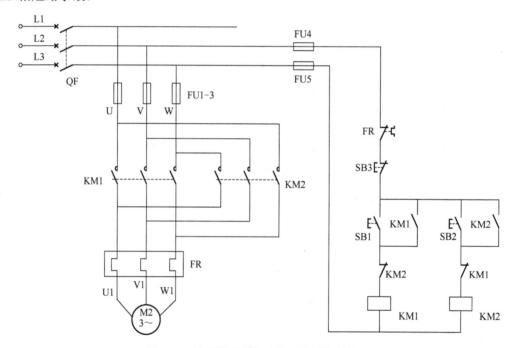

图 6.13　接触器联锁电动机正反转控制线路

② 按钮联锁正反转控制线路。把正转按钮和反转按钮换成两个复合按钮，并使两个复合按钮的常闭触点代替接触器的联锁触点，就构成了按钮联锁的正反转控制线路，如图 6.14 所示。这种线路虽然操作方便，却容易产生电源两相短路故障。例如，当正转接触器 KM1 发生主触点熔焊或被杂物卡住等故障时，即使 KM1 线圈失电，主触点也分不开，这时若直接按下反转按钮，反转接触器 KM2 得电动作，KM2 主触点也闭合，必然造成电源两相短路故障。

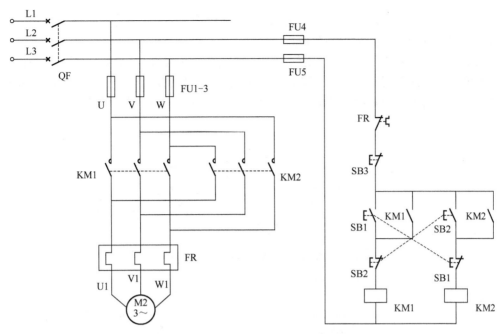

图 6.14　按钮联锁电动机正反转控制线路

③ 按钮和接触器双重联锁的正反转控制线路。在实际工作中，受外界因素影响，接触器联锁或按钮联锁正反转控制线路，仍然有可能发生两个接触器同时吸合而短路。采用按钮和接触器双重联锁正反转控制线路，兼有两种联锁控制线路的优点，操作方便，工作更加安全可靠，如图 6.15 所示。

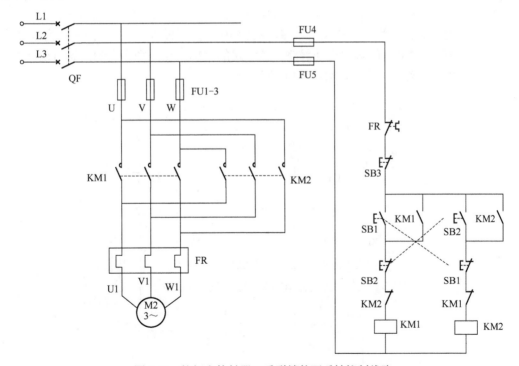

图 6.15　按钮和接触器双重联锁的正反转控制线路

在工程中，设计人员需要根据实际情况选择控制方案。

（2）位置控制的自动循环控制线路

有些生产机械，要求工作台在一定的行程内能自动往返运动，以便实现对工件的连续加工，提高生产效率。这就需要电气控制线路具有能对电动机实现自动转换正反转的功能。由行程开关控制的工作台自动往返控制线路如图 6.16 所示，它的右下角是工作台自动往返挡铁与行程开关碰撞运动的示意图。

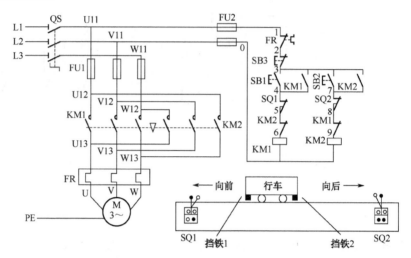

图 6.16　工作台自动往返行程控制线路

5．顺序控制与多地控制线路

在装有多台电动机的生产机械上，各电动机所起的作用不同，有时需要按一定的顺序启动才能保证操作过程的合理和工作的安全可靠，这些顺序关系反映在控制线路上，称为顺序控制。图 6.17 所示为两台电动机的顺序启动线路。该线路的控制特点是顺序启动，先启动 M1，M1被启动后 M2 才能启动；停止时，M1 和 M2 同时停止。

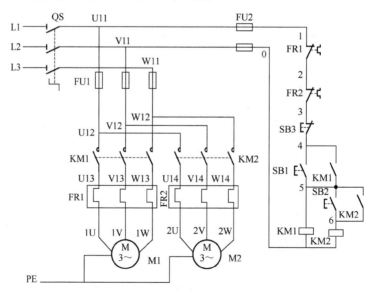

图 6.17　顺序启动控制线路

图 6.18 所示为三台电动机顺启逆停的控制电路。其控制特点是启动时必须先启动 M1，才能启动 M2；M2 被启动后，才能再启动 M3；停止时必须先停止 M3，再停止 M2，最后停止 M1。

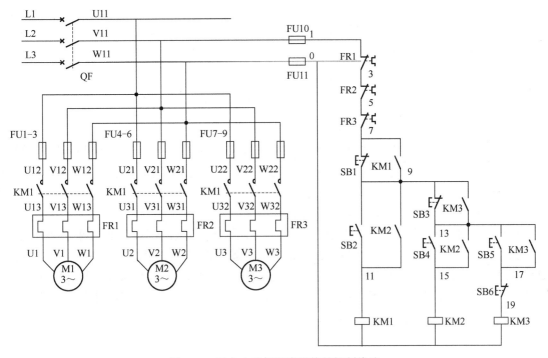

图 6.18　三台电动机顺启逆停的控制线路

6．常见故障现象

在电气控制线路中，最常见的故障发生在接触器上。接触器线圈的电压等级通常有 220V、380V 等，使用时必须认清，切勿疏忽，否则，电压过高易烧坏线圈，电压过低，吸力不够，不易吸合或吸合频繁，不但会产生很大的噪声，也因磁路气隙增大，致使电流过大，也易烧坏线圈。此外，在接触器铁芯的部分端面嵌装有短路铜环，其作用是为了使铁芯吸合牢靠，消除颤动与噪声，若发现短路环脱落或断裂现象，接触器将会产生很大的震动与噪声。

6.2.2　电动机降压启动控制线路

常见的降压启动方法有三种：定子绕组串接电阻降压启动；自耦变压器降压启动；Y-△降压启动。

1．Y-△降压启动控制线路

Y-△降压启动是指电动机启动时，把定子绕组接成 Y 形，以降低启动电压，限制启动电流。待电动机启动后，再把定子绕组改接成△形，使电动机全压运行。凡是在正常运行时定子绕组为△形连接的异步电动机，均可采用这种降压启动方法。

（1）电动机定子绕组 Y 形、△形连接方式

三相异步电动机定子绕组 Y 形接法如图 6.19（a）所示，三相异步电动机定子绕组△形接

法如图 6.19（b）所示。

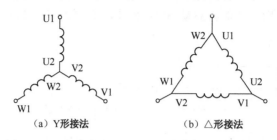

（a）Y形接法　　　　　（b）△形接法

图 6.19　三相异步电动机定子绕组 Y、△接法接线图

（2）电动机定子绕组上的电压和电流

电动机启动时接成 Y 形，加在每相定子绕组上的启动电压只有△形接法的 $1/\sqrt{3}$，启动电流为△形接法的 1/3，启动转矩也只有△形接法的 1/3。所以这种降压启动方法，只适用于轻载或空载下启动。

（3）时间继电器 Y-△降压启动控制线路

时间继电器 Y-△降压启动控制线路如图 6.20 所示。该控制线路由 1 个断路器、2 个熔断器、3 个接触器、1 个热继电器、1 个时间继电器、2 个按钮和 1 台三相异步电动机构成。接触器 KM1 做引入电源用，接触器 KM3 主触点闭合电动机以 Y 形方式运行，接触器 KM2 闭合电动机以△形方式运行，时间继电器 KT 作用是控制电动机 Y 形方式运行时间并且自动进行 Y-△转换。SB2 是启动按钮，SB1 是停止按钮，QF 作主电路的短路保护，FU1、FU2 在控制电路中起短路保护作用，FR 起到电动机过载保护作用。

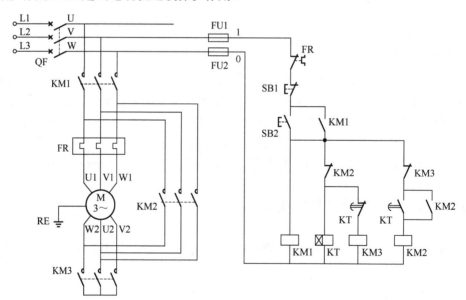

图 6.20　时间继电器 Y-△降压启动控制线路

电动机启动时电气动作顺序：

先合上断路器 QF，

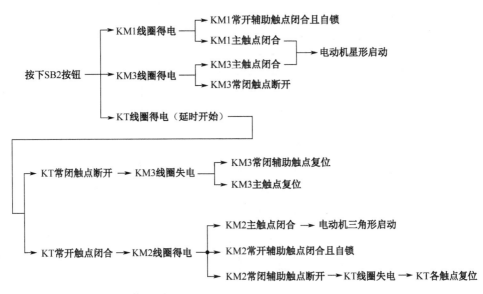

电动机停止运转时电气动作顺序：

电气线路的工作原理：按下启动按钮 SB2，KM1、KM3、KT 线圈同时得电，KM1 常开辅助触点闭合形成自锁，KM1、KM3 主触点闭合，电动机星形启动。当 KT 延时时间到时，KT 常闭触点断开，KT 常开触点闭合，KM3 线圈断电，KM3 主触点释放，星形运行结束，KM2 线圈得电，KM2 的常开辅助触点闭合并且自锁，KM2 辅助常闭触点断开，KT 线圈断电，KM2 主触点闭合，电动机转为△形运行。按下停止按钮 SB1，控制电路全部失电，主电路复位，电动机停止运行。

KM2 和 KM3 的常闭辅助触点在控制电路中构成互锁。

2. 自耦变压器降压启动控制线路

自耦变压器降压启动是指电动机启动时利用自耦变压器来降低加在电动机定子绕组上的启动电压，以减小电动机启动电流。待电动机启动后，再使电动机与自耦变压器脱离，从而在全压下正常运动。它分为手动控制和自动控制两种。

自耦变压器降压启动自动控制电路如图 6.21 所示。电路中自耦变压器 TM 的高压边接电源，低压边接电动机，有几个不同电压比的分接头供选择，低压边电压分别为高压边电压的 80%、60%、40%，一般应优先选择 60% 的分接头，若启动困难（如电动机转速低、声音异常）应改 80% 的分接头。电路中 KM1 和 KM2 的常闭触点是互锁触点，为了保证 KM1 和 KM2 不同时工作。

该电路特点是使用寿命长，维护成本低，适合空载、轻载时启动异步电动机。缺点是启动时间较长，启动过程中出现二次冲击电流，启动不够平稳，对负载机械有明显的冲击。

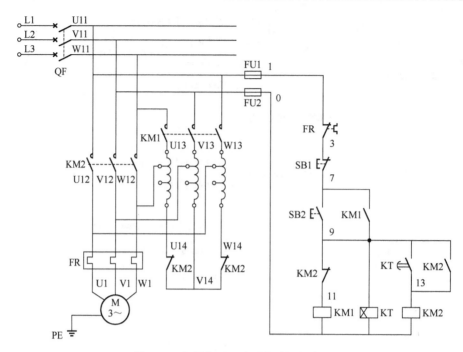

图 6.21　自耦变压器降压启动控制线路

电路工作过程：

合上空气开关 QF 接通三相电源，为电动机工作准备电源。

按下 SB2→KM1 和 KT 线圈通电工作并自锁→KM1 主触点闭合→TM 线圈接成星形→电动机降压启动。

当电动机达到额定转速时，KT 延时结束→KA 工作并自锁→KM1 停止工作→电动机降压启动结束→KM2 工作→电源电压直接接入电动机定子绕组→电动机在全压下工作。

电动机欲停车时，只需按下停止按钮 SB1，则控制回路全部断电，电动机因断开电源而停止工作。

6.2.3　三相异步电动机的能耗制动

运行中的三相交流异步电动机，当三相交流电源断开后，立即接通直流电源加在定子绕组上，直流电流会在定子内产生一个静止的直流磁场，转子因惯性在磁场内旋转，因而在转子导体中产生感应电势且有感应电流流过，从而产生一个电磁制动力矩，此力矩与电动机原转动方向相反，使电动机迅速减速，最后停止转动，这就是能耗制动。

能耗制动是一种使电动机快速停车的电气制动方法，这种制动方法制动平稳准确，能量消耗小，但制动力矩较弱，特别是在低速时制动效果差，并且还需要提供直流电源。

笼形异步电动机能耗制动所需直流电压、电流可由下式决定：

$$U_Z=I_Z R_O \quad I_Z=（3\sim4）I_O \text{ 或 } I_Z=1.5I_N \quad R=（U-U_Z）/I_Z$$

绕线异步电动机能耗制动所需直流电压、电流可由下式决定：

$$U_Z=I_Z R_O \quad I_Z=（2\sim3）I_O \text{ 或 } I_Z=I_N$$

式中，U_Z 为能耗制动所需直流电压；I_Z 为能耗制动所需直流电流；I_O 为电动机空载电流；

I_N 为电动机额定电流；R_O 为电动机两相绕组冷态（15℃）电阻，U 为整流输出电压，R 为分流电阻。

1．能耗制动电路工作原理

图 6.22 所示为一种比较常用的三相交流异步电动机能耗制动的控制线路。

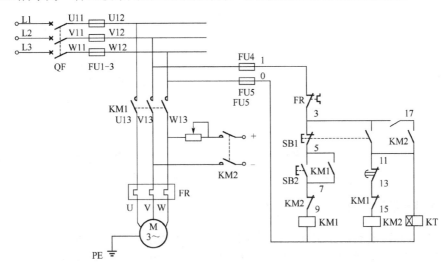

图 6.22　能耗制动控制线路

电路工作过程：

（1）启动：按下 SB2→KM1 得电并自锁→电动机正常运行。

（2）能耗制动：

按下 SB1→KM1 失电→电动机脱离三相电源，KM1 常闭触点复原→KM2 得电并自锁，时间继电器 KT 得电，KT 瞬动常开触点闭合。

KT 瞬动常开触点闭合后，KM2 主触点闭合→电动机进入能耗制动状态→电动机转速下降→KT 整定时间到→KT 延时断开常闭触点断开→KM2 线圈失电→能耗制动结束。

注：KT 瞬动常开触点的作用：如果 KT 线圈断线或机械卡住故障时，在按下 SB1 后电动机能迅速制动，两相的定子绕组不致长期接入能耗制动的直流电流。

2．问题分析

（1）能耗制动电阻的大小对制动时间的影响：电阻越小，制动电流越大，制动时间越短；反之，电阻越大，制动电流越小，制动时间越长。但制动电阻不可以不接。

（2）电动机的制动时间与时间继电器的延迟时间应尽量一致或前者略小于后者。

（3）在制动过程中，随着电动机转速的下降，拖动系统动能也在减少，于是制动转矩也在减少，所以在惯性较大的拖动系统中，常会出现在低速时停不住，而产生"爬行"现象，从而影响停车时间的延长或停位的准确性。因此能耗制动仅适用于一般负载的停车。

6.2.4　双速电动机启动控制线路

双速电动机是变极调速中最常见的一种形式，它是通过改变电动机定子绕组接线来改变极对数，从而改变电动机运行速度，其中定子绕组△形接线对应低速，而双 Y 形接线对应高速。

1. 定子绕组连接

电动机定子绕组△形、双 Y 形接法如图 6.23 所示。

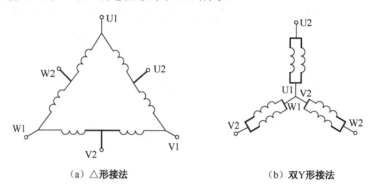

（a）△形接法　　　　　　　　　　（b）双 Y 形接法

图 6.23　电动机定子绕组△形、双 Y 形接线图

2. 时间继电器双速电动机控制线路

时间继电器双速电动机控制线路如图 6.24 所示，主要由 1 个断路器、2 个熔断器、3 个接触器、2 个热继电器、1 个时间继电器、3 个按钮和 1 台三相双速异步电动机组成。交流接触器 KM1 主触点闭合电动机以△形方式低速启动运转；交流接触器 KM2 和 KM3 闭合，电动机以双 Y 形方式运转。时间继电器 KT 作用是高速启动时控制电动机由△形方式切换成双 Y 形方式的运转时间。SB1 是低速启动按钮，SB2 是高速启动按钮，SB3 是停止按钮，QF 为主电路的短路保护，FU1、FU2 在控制电路中起短路保护作用，FR1 和 FR2 起到电动机过载保护作用。

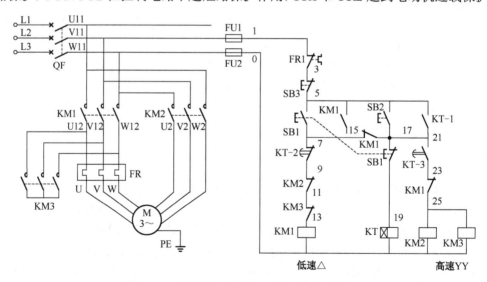

图 6.24　时间继电器控制双速电动机控制线路

电动机启动时电气动作顺序：

首先合上断路器 QF，接通主电路和控制电路的电源。

△形低速启动运转：

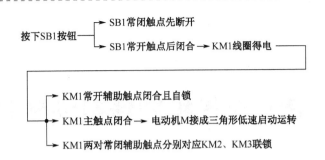

双 Y 形运转：

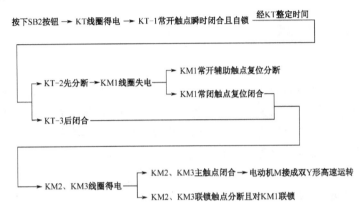

停止时，按下 SB3 即可。

若电动机只需高速运转时，可直接按下 SB2，则电动机△形低速启动运转后，再双 Y 形高速运转。

6.2.5　设计电动机顺序控制线路

1．设计内容和要求

设计一个电气控制线路，第一台电动机启动 10s 以后，第二台自动启动，运行 5s 以后，第一台电动机停止转动，同时第三台电动机启动，再运转 15s 后，电动机全部停止转动。

2．考核评价

考核内容与评价标准如表 6.2 所示。

表 6.2　评价表

序号	主要内容	考核要求	评分标准	配分	扣分	得分
1	设计主电路	（1）电路图形符号符合国家标准（2）实现控制要求	（1）图形符号每错 1 处扣 5 分（2）线路每错 1 处扣 10～30 分	30 分		
2	设计控制电路			50 分		
3	社会能力	安全、协作、决策、敬业	教师掌握	20 分		
备注			合计	100 分		
			教师签字：　　　　年　　月　　日			

第 7 章　电气控制线路安装与调试

7.1　电气控制系统图

电气图是工程技术的通用语言，它由各种电器元件的图形、文字符号要素组成。电气图中的图形和文字符号必须符合国家的最新标准。电气控制系统图一般有电气原理图、电器布置图和电气安装接线图。电气设备的设计、安装、调试与维修都要有相应的电气原理图作为依据或参考。本项目要求掌握电气原理图、布置图和接线图的绘制方法。

7.1.1　电气原理图

电气原理图是根据生产机械运动形式对电气控制系统的要求，采用国家统一规定的电气图形符号和文字符号，按照电气设备和电器的工作顺序，详细表示电路、设备或成套装置的全部基本组成和连接关系，而不考虑其实际位置的一种简图。

电气原理图能充分表达电气设备和电器的用途、作用和工作原理，是电气线路安装、调试和维修的理论依据。它一般分电源电路、主电路和辅助电路。下面结合如图 7.1 所示的三相异步电动机单向连续运转控制线路图来说明绘制电气原理图方法。

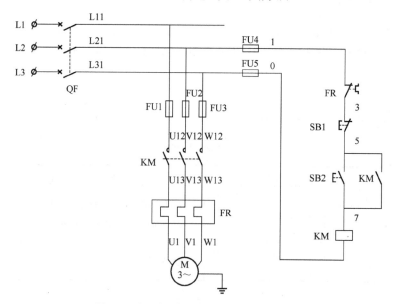

图 7.1　电动机单向连续运转控制线路图

（1）三相交流电源线 L1、L2、L3 依次水平地画在图的上方，需要中线 N 和保护地线 PE 时依次画在相线下方，电源开关 QF 水平画出。

（2）主电路由熔断器 FU1～FU3、接触器 KM 的 3 对主触点、热继电器的发热元件和电动机 M 组成。主电路通过的电流是电动机的工作电流。

（3）辅助电路一般包括：控制主电路工作状态的控制电路，显示主电路工作状态的指示电路，提供机床设备局部的照明电路等。它是由主令电器（按钮、行程开关等）的触点、接触器线圈及辅助触点、继电器线圈及触点、指示灯和照明灯等组成。辅助电路通过的电流较小，一般不超过 5A。

（4）在电路图中不画各电器元件实际的外形图，而采用国家统一规定的电气图形符号画出。

（5）电路图中，各电器的触点位置都按电路未通电或电器未受外力作用时的常态位置画出，分析原理时，应从触点的常态位置出发。

（6）电路图中，同一电器的各元件不按它们的实际位置画在一起，而是按其在线路中所起的作用分画在不同电路中，但它们的动作却是相互关联的，因此，必须标注相同的文字符号。若图中相同的电器较多时，需要在电器文字符号后面加注不同的阿拉伯数字，以示区别，如 SB1、SB2 等。

（7）画电路图时，应尽可能减少线条，并且避免线条交叉。交叉导线需要连接时，要用小黑圆点表示，否则不画小黑圆点。

（8）电路图采用电路编号法，即对电路中的各个接点用字母或数字编号。

① 主电路在电源开关的出线端按相序依次编号为 U11、V11、W11，然后按从上至下、从左至右的顺序，每经过一个电器元件后，编号要递增，如 U12、V12、W12，U13、V13、W13。单台三相交流电动机的 3 根引出线按相序依次编号为 U、V、W。对于多台电动机引出线的编号，为了不引起误解和混淆，可在字母前用不同的数字加以区别，如 U1、V1、W1，U2、V2、W2。

② 控制电路编号按"等电位"原则从上至下、从左至右的顺序用数字依次编号，每经过一个电器元件后，编号要依次奇数递增。控制电路编号通常起始数字是 1，结束数字是 2，其他辅助电路（含照明电路、指示电路）编号也依次类推。

7.1.2　电气布置图和接线图

图 7.2 为接触器联锁的电动机正反转控制电气原理图，图 7.3 和图 7.4 就是根据图 7.2 电气原理图所绘制的布置图和接线图。

1．布置图

布置图是根据电器元件在控制板上的实际安装位置，采用简化的外形符号（如正方形、矩形、圆形等）而绘制的一种简图，如图 7.3 所示。它主要用于电器元件的布置和安装。图中各电器的文字符号必须与电路图和接线图的标注一致。电器元件在电气控制柜中或配电板上的布局要合理。在实际中，电路图、接线图和布置图要结合起来使用。

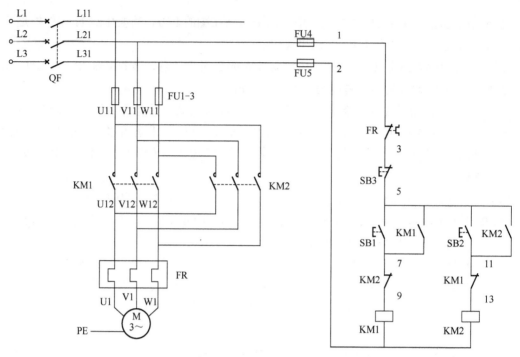

图 7.2　接触器联锁的电动机正反转控制电气原理图

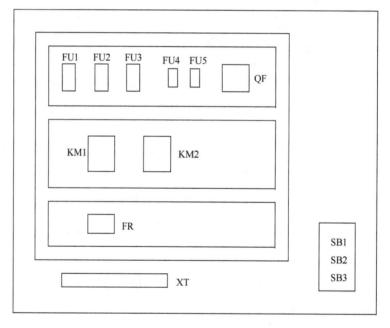

图 7.3　接触器联锁的正反转控制线布置图

2．接线图

电气接线图是根据电气设备和电器元件的实际位置和安装情况绘制的，只用来表示电气设备和电器元件的位置、配线方式和接线方式，而不明显表示电气动作原理，如图 7.4 所示。其主要用于安装接线、线路的检查维修和故障处理等。

绘制、识读接线图应遵循以下原则：

（1）接线图中一般出示如下内容：电气设备和电器元件的相对位置、文字符号、端子号、导线号、导线类型、导线截面积、屏蔽和导线吻合等。

（2）所有的电气设备和电器元件都按其所在的实际位置绘制在图样上，且同一电器的各元件根据其实际结构，使用与电路图相同的图形符号画在一起，并用点画线框上，其文字符号及接线端子的编号应与电路图中的标注一致，以便对照检查接线。

（3）接线图中的导线有单根导线、导线组（或线扎）和电缆等区别，可用连续线和中断线来表示。凡导线走向相同的可以合并，用线束来表示，到达接线端子板或电器元件的连接点时再分别画出。在用线束来表示导线组、电缆等时可用加粗的线条表示，在不引起误解的情况下也可采用部分加粗。另外，导线及管子的型号、根数和规格应标注清楚。

（4）接线原则为连接导线短，导线交叉少。

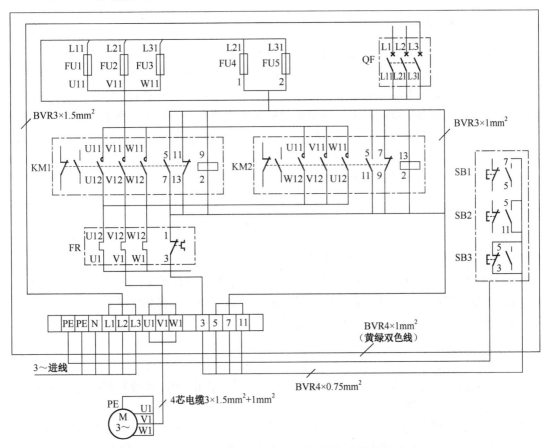

图 7.4 接触器联锁的正反转控制线路接线图

7.1.3 元件明细表和选择电器元件

1. 元件明细表

电器元件表明细表是把成套装置、设备中的各组成元件的名称、型号、规格、数量列成表格，供准备材料和维修使用。根据图 7.1 和图 7.2 所示，可以列出接触器联锁的三相异步电动机正反转控制线路所需要的电器元件明细表，如表 7.1 所示。

表 7.1 电器元件明细表

序号	名称	规格/型号	单位	数量	备注
1	三相异步电动机	Y112-4/380V	台	1	
2	断路器	DZ-60-10A	只	1	
3	熔断器	RL1-60/25A	只	3	
4	熔断器	RL1-15/2A	只	2	
5	交流接触器	CJ10-20/380V	只	2	
6	热继电器	JR16-20/3A	只	1	
7	按钮	LA-10-3H	只	1	
8	端子板	JX-1020	块	1	

2．选择电器元件

对使用的所有电气设备和电器元件逐个进行检查，是保证安装质量的基本前提。

（1）根据电器元件明细表，检查各电气设备和电器元件是否有短缺，核对它们的规格是否符合设计要求。例如，电动机的功率和转速、电器元件的电压等级和电流容量、触点的数目和开闭状况、时间继电器的延时类型、热继电器的额定电流等。若不符合要求，应更换或调整。

（2）检查电器元件外观是否清洁完整，有无损伤，各接线端子及紧固件有无短缺、生锈等现象。

（3）电器元件的触点是否光滑，接触面是否良好，有无熔焊粘连、变形、严重氧化锈蚀等现象；触点的闭合、分断动作是否灵活；触点的开距、起程是否符合标准；接触压力弹簧是否有效。

（4）检查有延时作用的电器元件的功能，如时间继电器的延时动作、延时范围及整定机构的作用；检查热继电器的热元件和触点的动作情况。

（5）用兆欧表检查电器元件和电气设备的绝缘电阻是否符合要求，用万用表等仪表检查一些电器元件和电气设备（如继电器、接触器、电动机等）线圈的通断情况。

（6）检查各操作机构和复位机构是否灵活。

3．选择导线

根据电动机的额定功率、控制电路的电流容量、控制回路子回路数及配线方式选配导线。在选择导线时应注意以下几点。

（1）导线的类型：硬线只能固定安装于不动部件之间，且导线的截面积应小于 $0.5mm^2$。若在有可能出现振动的场合或导线的截面积大于等于 $0.5mm^2$ 时，必须采用软线。电源开关的负载侧可采用裸导线，但必须是直径大于 3mm 的圆导线或是厚度大于 2mm 的扁导线，并应有预防直接接触的保护措施（如绝缘、间距、屏蔽等）。

（2）导线的绝缘：导线必须绝缘良好，并应具有抗化学腐蚀能力。在特殊条件下工作的导线，必须同时满足使用条件的要求。

（3）导线的截面积：在必须能承受正常条件下流过的最大稳定电流的同时，还应考虑到线路允许的电压降、导线的机械强度和与熔断器相配合。

（4）导线的颜色：对复杂的电气电路，其主电路和控制回路应选择不同颜色的导线，以便于区分。

【实操训练】

1．训练内容

根据如图 7.1 所示的三相异步电动机（4kW）正转线路原理图，绘制出布置图、接线图，并写出元件明细表。

2．考核评价

考核内容与评价标准如表 7.2 所示。

表 7.2　评价表

序号	主要内容	考核内容	评分标准	配分	扣分	得分
1	画位置图	合理布局元件	布局不合理每处扣 2 分，扣完为止	10 分		
2	画接线图	能正确画出接线	画错一处扣 4 分，扣完为止	40 分		
3	元件选择	能正确选用元件	每选错一件（参数）扣 5 分，扣完为止	20 分		
4	元件明细表	能全部写出元件。	每漏写一件扣 5 分，扣完为止	15 分		
5	元件符号	符合国家标准	每违反国标一处扣 2 分，扣完为止	15 分		
备注			合计	100 分		
			教师签字：	年　　月　　日		

7.2　电气控制线路安装与调试

电气控制线路通常安装在控制箱或柜内，其配线有明配线和线槽配线等。本项目主要内容包括电气控制线路的安装调试。

7.2.1　电气控制线路安装技术

1．铁管配线

（1）根据使用场合和导线截面及导线根数选择铁管类型及管径，所穿导线截面积应比管内径截面积小 40%。

（2）尽量取最短距离敷设铁管，并且管路应尽可能少转角或弯曲（一般不多于 3 个），管路引出地面时，离地面高度不得小于 0.2m。

（3）铁管弯曲时，弯曲半径不小于管径的 4～6 倍，且弯曲后不可有裂缝和凹陷现象，管口不能有毛刺。

（4）线管敷设前，应先清除管内杂物和水分，管口塞上木塞；对明设的铁管应采用管卡支持，并使管路做到横平竖直。

（5）不同电压、不同回路的导线不得穿在一根管内，除直流回路导线和接地线外。铁管内不允许穿单根导线。

（6）铁管内导线不准有接头，也不能穿入绝缘破损后经包缠绝缘的导线。

（7）穿管导线的绝缘强度应不低于 500V；导线最小截面积规定为铜芯线 1.5mm²，铝芯线 2.5mm²。

（8）管路穿线时，选用直径 1.2mm 的钢丝做引线。当线管较短且弯头较少时，可把钢丝引线由管子一端送向另一端，这时一人送线一人拉线。若管路较长或弯头较多时，在引线端弯成小钩，从管子的两端同时穿入引线。当钢丝引线在管中相遇时，转动引线使其钩在一起，然后从一端把引线拉出，即可将导线牵引入管。注意穿线时需在管口加护圈并保证穿管导线的长度大于所穿管路的总长度。

（9）铁管应与保护接零或接地线可靠连接。

2．金属软管配线

在机床本身各电器或设备之间的连接常采用金属软管配线，在使用金属软管配线时，应根据穿管导线的总截面选择金属软管的规格；对有脱节、凹陷的金属软管不能使用；金属软管两头应有接头连接，中间部分用管卡固定；对移动的金属软管应采用合适的固定方式且有足够的余量。

3．明配线

明配线又称板前配线，其特点是导线走向清楚、检查故障方便，但工艺要求高、配线速度较慢，适用于电路比较简单、电器元件较少的设备。采用明配线时应注意以下几个方面。

① 明配线一般选用 BV 型的单股塑料硬线作连接导线。

② 线路应整齐美观，做到横平竖直，转弯处应为直角；成排成束的导线用线束固定；导线的敷设不影响电气元件的拆卸。

③ 导线与导线之间应尽可能不重叠、不交叉。同向导线应紧靠在一起并紧贴底板排列。

④ 导线与接线端子应保证可靠的电气连接，线端应弯成羊角圈；对不同截面的导线在同一接线端子连接时，大截面在下，小截面在上，且每个接线端子原则上不超过两根导线。

⑤ 根据接线图接线。按图施工是电气控制柜安装的基本要求之一，接线时要严格按照接线图的要求，并结合原理图的编号及配线要求连接电器元件。连接的顺序原则上先接主电路，再接辅助电路；先柜内，后柜外。

4．线槽配线

线槽配线安装施工迅速简便，而且外观整齐美观，检查维修及改装方便，是目前使用较为广泛的一种配线形式，特别适用于电气线路复杂、电器元件多的电气设备安装。一般使用塑料多股软导线作为其连接导线。通常使用的塑料线槽形状如图 7.5 所示，图 7.6 所示为线槽配线成形示意图。

（1）安装形式

不同种类和型号的电器元件有不同的安装形式，一般来说，在选择电器元件时尽可能考虑相同的安装形式。虽然各电器元件的安装形式不尽相同，但其固定时应按产品说明书和电气接线图进行，做到安全可靠，排列整齐。此外，元件之间的距离要适当，既要节省板面，又要方便走线和检修。

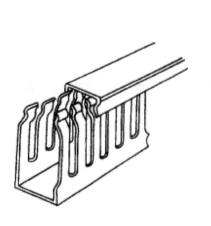

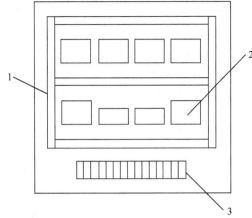

1—线槽；2—电器元件；3—接线端子排

图 7.5　塑料线槽　　　　　　　图 7.6　线槽配线成形示意图

（2）底板选料和裁板

根据电器元件的数量和大小、安装允许的位置及安装图，确定板面尺寸大小和选用底板材料。底板可选用 2.5～5mm 厚的钢板或 5mm 厚的层压板等。

裁剪时，钢板要求用剪板机裁剪，且四角要呈 90°，四边须去毛刺并倒角；裁剪好的底板要求板面平整，不得起翘或凸凹不平。

（3）定位

根据电器产品说明书上的安装尺寸（或将电器元件摆放在确定好的位置），用划针确定安装孔的位置，再用样冲冲眼以固定钻孔中心。元件应排列整齐，以减少导线弯折，方便敷设导线，提高工作效率。若采用导轨安装电气元件，只需确定其导轨固定孔的中心点。对线槽配线，还要确定线槽安装孔的位置。

（4）钻孔

确定电器元件等的安装位置后，在钻床（或用手电钻）上钻孔。钻孔时，应选择合适的钻头（钻头直径略大于固定螺栓的直径），并用钻头先对准中心样冲眼，进行试钻；试钻出来的浅坑应保持在中心位置，否则应予校正。

（5）固定

用固定螺栓，把电器元件按确定的位置，逐个固定在底板上。紧固螺栓时，应在螺栓上加装平垫圈和弹簧垫圈，不能用力过猛以免将电器元件的塑料底座压裂而损坏。对导轨式安装的电器元件，只需按要求把电器元件插入导轨即可。

（6）导线连接

导线的连接必须牢固，不得松动。连接器件必须与连接的导线截面积和材料性质相适应。导线与端子的接线，一般一个端子只连接一根导线。有些端子不适合连接软导线时，可在导线端头上采用针形、叉形等冷压接线头。如果采用专门设计的端子，可以连接两根或多根导线，但导线的连接方式，必须是工艺上成熟的各种方式，如夹紧、压接、焊接、绕接等。这些连接工艺应严格按照工序要求进行。导线的接头除必须采用焊接方法外，所有导线应当采用冷压接线头。如果电气设备在正常运行期间承受很大振动，则不许采用焊接的接头。

控制柜所有的进出线都要通过接线板连接，接线板的节数和规格应根据进出线的根数及流过的电流进行选配组装，且根据连接导线的号码进行编号，接线板安装在柜内的最下面或侧面。线槽配线时，线槽装线不要超过容积的70%，以便安装和维修。

线槽外部的配线，对装在可拆卸门上的电器接线必须采用互连端子板或连接器，它们必须牢固固定在框架、控制箱或门上。从外部控制、信号电路进入控制箱内的导线超过10根时，必须接到端子板或连接器件过渡，但动力电路和测量电路的导线可以直接接到电器的端子上。

安装接线时，为防止差错，主、辅电路通常分别接线；辅助电路应分解成若干个子回路接线。可安装一部分，检查一部分，避免出现大的差错。

5. 安装注意事项

（1）按钮的相对位置和颜色

① 对应的"启动"和"停止"按钮应相邻安装。"停止"按钮必须在"启动"按钮的下边或左边。当两个"启动"按钮控制相反方向时，"停止"按钮可以装在中间。

② "停止"按钮和急停按钮必须是红色的。当按下红色按钮时，必须使设备停止工作或断电。"启动"按钮的颜色是绿色。"启动"和"停止"交替动作的按钮必须是黑色、白色或灰色，不得用红色和绿色；点动按钮必须是黑。复位按钮（如保护继电器的复位按钮）必须是蓝。当复位按钮还有"停止"作用时，则必须是红色。

③ 在自动和手动操作中，红色蘑菇头按钮用作急停。其他颜色的蘑菇头按钮，可用于"双手操作"的"循环开动"按钮，或者用于备有机械保护装置"循环开动"按钮。在上述情况下，按钮不得为红色，应为黑色或灰色。

（2）导线的颜色

保护导线（PE）必须采用黄绿双色；动力电路的中性线（N）和中间线（M）必须是浅蓝色；交流或直流动力电路应采用黑色；交流控制电路采用红色；直流控制电路采用蓝色；用作控制电路联锁的导线，如果是与外边控制电路连接，而且当电源开关断开仍带电时，应采用橘黄色或黄色；与保护导线连接的电路采用白色。

（3）导线的线号

导线线号的标志应与原理图和接线图相符合。在每一根连接导线的线头上必须套上标有线号的套管，位置应接近端子处。

对控制电路与照明、指示电路，应从上至下、从左至右，逐行用数字依次编号，每经过一个电器元件的接线端子，编号要依次递增。编号的起始数字，除控制电路必须从阿拉伯数字1开始外，其他辅助电路依次递增100作起始数字，如照明电路编号从101开始；信号电路编号从201开始等。

（4）安装备用导线

为了便于修改和维修，凡安装在同一机械防护通道内的导线束，需要提供一定的备用导线，当同一管中相同截面积导线的根数在3～10根时，应有1根备用导线，以后每递增1～10根，增加1根。

7.2.2 电气控制系统的调试

1. 调试前的准备工作

调试前必须熟悉电气设备与电气系统的性能，掌握调试的方法和步骤，清理电气控制箱

（柜）内及周围的环境，做好调试前的检查工作。

（1）对照原理图、接线图，检查各电器元件安装位置是否正确，外观是否整洁、美观；柜内、外接线是否正确，连接线截面积选择是否合适，且连接可靠；检查线号、端子号有无错误；所有电器元件的触点接触是否良好；电动机有无卡壳现象；各种操作机构、复位机构是否灵活、可靠；保护电气的整定值是否符合要求；指示和信号装置能否按要求正确发出信号；如有电磁吸盘，应检查其吸力能否满足要求，且去磁效果要好。

（2）绝缘检查。用 500V 兆欧表检查导线的绝缘电阻，应不小于 7MΩ；检查电动机的绝缘电阻，应不小于 0.5MΩ。

（3）检查电器动作是否符合电气原理图的要求；有联锁装置电路时，试验联锁是否满足原理图的要求；有夹紧、升降装置时，要进行夹紧、升降试验，试验时要与装配和操作人员一起配合，防止损坏夹紧、升降机构或电动机。

（4）检查各开关按钮、行程开关等电器元件，应处于原始位置；调速装置的手柄应处于最低速位置。

2．通电调试

在进行上述准备工作且确认无误后，可进行试车和调整工作。

（1）空操作试车

断开主电路，接通电源开关，使控制电路空操作，检查控制电路的工作情况。例如，操作各按钮，检查其对接触器、继电器的控制作用及自锁、联锁功能是否符合要求，特别要验证急停器件的动作是否正确；如果有行程开关，可用带绝缘手柄的工具操作行程开关，检查其控制作用；如果有时间继电器，应检查并调整其延迟时间，使其符合机床要求；此外还要观察电器有无异常现象，若有异常情况，必须立即切断电源查明原因。

（2）空载试车

在空操作试车基础上，接通主电路，即可进行空载试车。在空载试车时，应先点动检查各电动机的转向是否正确，转速是否符合要求；调整好热继电器等保护电器的整定值；检查各指示信号及照明灯是否完好；检查电磁吸盘的吸力能否满足要求及去磁效果如何。

（3）带负荷试车

通过以上试车后，机床可进行带负荷试车，以便在正常负荷下连续运行，验证电气设备所有部分运行的正确性，特别要验证电源中断和恢复时是否会危及人身安全、损坏设备。此时观察各机械机构、电器元件的动作是否符合要求；调整行程开关的位置及挡块的位置；对控制电器的整定数值作进一步调整。

（4）注意事项

① 调试人员在进行试车时，必须熟悉机床结构、操作规程及机床电气系统的工作要求。

② 通电时，应先接通主电源；切断时与操作顺序相反。

③ 通电后，要注意观察，随时作好停车准备，防止意外事件发生。若有异常现象，如电动机反转或启动困难、异常噪声、线圈过热、保护装置动作、冒烟等，应立即停车，查明原因，不得随意增大整定数值强行送电。

7.2.3 线槽配线训练

1．训练内容

三相异步电动机（0.5kW）正反转控制线路的安装或三相异步电动机（0.5kW）Y-△转换控制线路的安装。

2．所需器材

断路器 1 只，交流接触器 3 只，熔断器 5 只，时间继电器 1 只，热继电器 1 只，按钮 3 个，接线端子排 1 个，三相异步电动机 1 台，导线等。

3．训练流程

（1）检查所需要的元器件的质量，各项技术指标应符合规定的要求，否则应更换。

（2）根据所绘制的布置图，在控制板上安装电器元件。要求元件位置间距排列合理整齐，元件紧固程度适当。

（3）根据所绘制的接线图布线。盘内元件之间的导线连接放在线槽内，盘内与盘外元件连接需要通过接线端子板连接，并根据原理图做好线号标记。接点牢靠、不松动，不压绝缘层，薄导线的绝缘皮不裸露铜过长等。

（4）根据原理图，检查控制板布线的正确性。

（5）安装电动机。要求安装牢固平稳，不要忘记连接电动机的保护接地线。

（6）通电运行和调试。需要指导教师在现场进行监护。

（7）通电试车完毕后，切断电源。先拆除三相电源线，再拆除电动机。

4．考核评价

考核内容与评价标准如表 7.3 所示。

表 7.3　评价表

序号	主要内容	考核要求	评分标准	配分	扣分	得分
1	元件安装	按位置图固定元件	布局不匀称每处扣 2 分；漏错装元件每件扣 5 分；安装不牢固每处扣 2 分。扣完为止。	10 分		
2	布线	布线横平竖直；接线紧固美观；电源、电动机、按钮要接到端子排上，并有标号	布线不横平竖直每处扣 2 分；接线不紧固美观每处扣 2 分；接点松动、反圈、压绝缘层、标号漏错每处扣 2 分；损伤线芯或绝缘层、裸线过长每处扣 2 分；漏接地线扣 2 分，扣完为止	40 分		
3	通电试车	在保证人身和设备安全的前提下，通电试验一次成功	一次试车不成功扣 5 分；二次试车不成功扣 10 分；三次试车不成功扣 15 分；扣完为止	30 分		
4	社会能力	安全、协作、决策、敬业	教师掌握	20 分		
备注			合计	100 分		
			教师签字：		年　　月　　日	

第 8 章　机床电气线路维修

本章在所分析过的电动机控制线路基础上，重点讨论常用的典型机床的电气控制、常见故障的分析和控制线路的维修。应熟悉典型机床的基本结构、加工工艺，掌握机床电器控制的特点和控制方法。

8.1　机床电气线路故障及排除方法

在现代化生产过程中，保证生产设备的正常工作是提高企业经济效益的保障。作为工程技术人员，当电气设备出现故障后，如何能熟练、准确、迅速、安全地找出原因并加以排除，显得尤为重要。

1．机床电气故障的种类

在运行中可能会受到不利因素的影响，如电器动作时的机械振动、因过电流使电器元件绝缘老化、电弧烧灼、自然磨损、环境温度和湿度的影响、有害气体的侵蚀、元器件的质量及自然寿命等原因，使电气线路不可避免地出现各种各样的故障。

机床电器故障可分为两大类：一类是有明显的外表特征且容易发现的故障，如电动机和电器元件的过热、冒烟、打火和发出焦糊味等；另一类是没有外表特征而较隐蔽的故障，这种故障大多出现在控制电路，如机械动作失灵、触点接触不良、接线松脱及个别零件损坏等。

电气线路越复杂，出现故障的概率越大。在遇到较隐蔽且查找比较困难的故障时，常需要借助一些仪表和工具。另外，许多机床常常是机械、液压等的联合控制，因此要求维修人员不仅要熟悉、掌握一定的电气知识，还需要掌握机械、液压等方面的知识。

2．故障排除方法

（1）故障调查

机床一旦发生故障，维修人员应及时到现场调查研究，以便查找故障。

① 向该机床操作者了解故障现象、发生的前后情况及发生的次数，如是否有冒烟、打火、异常声音和气味，是否有操作不当和控制失常等。

② 查看电气设备，如观察熔断器的熔体是否熔断、有无电器元件烧毁、绝缘有无烧焦、

线路有无断线、螺钉是否松动等。

③ 听一听各电器元件在运行时有无异常声音，如打火声、电机的嗡嗡声等。

④ 用手触摸电器元件和设备，检查有无过热和振动等异常现象。如温度上升很快，应切断电源并及时用手摸电动机、变压器和电磁线圈等一些电器元件，即可发现过热元件。

（2）确定故障范围

根据故障调查结果，分析电气原理图，缩小检查范围，从而确定故障所在部位。然后，再进一步检查，就能发现故障点。例如，照明或信号灯不亮，可很容易判断故障所在的电路，然后，在不通电情况下用仪表（如万用表的欧姆挡）检查其所在线路，就能迅速找到故障点；再如，若机床的主轴不转，按启动按钮，观察控制主轴电动机的接触器是否吸合，若吸合而电动机不转，说明故障在主电路；若不吸合则说明故障在控制电路，在此判断的基础上，再做进一步检查，就可找到故障所在位置。

（3）查找故障点

对一些有外表特征的故障，通过外表检查，就能容易发现故障点。但那些没有明显外表特征的故障，常常需做进一步的查找，方能找出故障点。借助电工仪表和工具，这是查找电气故障非常有效的方法。例如，用万用表的欧姆挡（应断电），测量电气元件有无短路、断路；用万用表的电压挡，测量线路的电压是否正常；用钳形电流表检查电动机的启动电流大小；验电笔检查是否有电等。由于机床有液压、机械等传动装置，因此在检查、判断故障时，应注意检查液压、机械等方面的故障。以上所介绍的是查找、排除机床电气线路故障的一般方法，实际中应根据故障情况灵活运用，并通过具体实践不断总结积累经验。

8.2　CA6140 型车床电气维修

CA6140 型卧式车床是普通车床的一种，适用于加工各种轴类、套筒类和盘类零件上的回转表面。CA6140 型卧式车床电气维修是机床电气维修的基础。

8.2.1　CA6140 型车床结构和电气控制

1. 主要结构及运动形式

CA6140 型卧式车床主要由床身、主轴、进给箱、溜板箱、刀架、丝杆、光杆、尾座等部分组成，图 8.1 所示为 CA6140 型卧式车床外观结构图。

车床的切削运动包括工件旋转的主运动和刀具的直线进给运动。根据工件的材料性质、车刀材料及几何形头、工件直径、加工方式及冷却条件的不同，要求主轴有不同的切削速度。

车床的进给运动是刀架带动刀具的直线运动。溜板箱把丝杆或光杆的转动传递给刀架部分，变换溜板箱外的手柄位置，经刀架部分使车辆做纵向或横向进给。

车床的辅助运动为机床上除切削运动以外的其他一切必需的运动，如尾架的纵向移动、工件的夹紧与放松等。

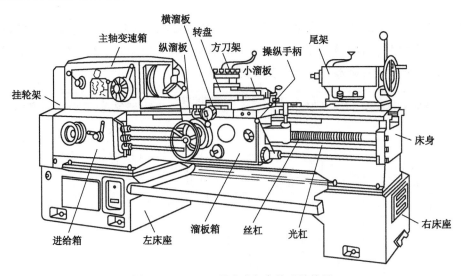

横溜板　转盘
主轴变速箱　纵溜板　方刀架　操纵手柄　尾架
挂轮架　小溜板
床身
右床座
进给箱　左床座　溜板箱　丝杠　光杠

图 8.1　CA6140 型卧式车床外观结构图

2．CA6140 型卧式车床电力拖动特点及控制要求

CA6140 型卧式车床是一种中型车床，除有主轴电动机 M1 和冷却泵电动机 M2 外，还设置了刀架快速移动电动机 M3。它的控制特点如下。

（1）主拖动电动机一般选用三相笼形异步电动机，为满足调速要求，采用机械变速。

（2）为车削螺纹，主轴要求正、反转，采用机械方法来实现。

（3）采用齿轮箱进行机械有级调速。主轴电动机采用直接启动，为实现快速停车，一般采用机械制动。

（4）设有冷却泵电动机，且要求冷却泵电动机应在主轴电动机启动后，方可选择启动与否；当主轴电动机停止时，冷却泵电动机应立即停止。

（5）为实现溜板箱的快速移动，由单独的快速移动电动机拖动，采用点动控制。

3．电气控制线路分析

图 8.2 所示为 CA6140 型卧式车床的电气原理图。

4．CA6140 型卧式车床电气线路的工作原理

（1）主电路分析

图 8.2 中 QS1 为电源开关。FU1 为主轴电动机 M1 的短路保护用熔断器，FR1 为其过载保护用热继电器。由接触器 KM1 的主触点控制主轴电动机 M1。

图 8.2 中 KM2 为接通冷却泵电动机 M2 的接触器，FR2 为 M2 过载保护用热继电器。KM3 为接通快速移动电动机 M3 的接触器，由于 M3 点动短时运转，故不设置热继电器。

（2）控制电路分析

控制电路的电源由控制变压器 TC 的二次侧输出 110V 电压提供。

① 主轴电动机 M1 的控制

当按下启动按钮 SB2 时，接触器 KM1 线圈通电，KM1 主触点闭合，KM 自锁触点闭合，M1 启动运转。KM 常开辅助触点闭合为 KM2 得电作准备。停车时，按下停止按钮 SB1 即可。主轴的正反控制采用多片摩擦离合器来实现的。

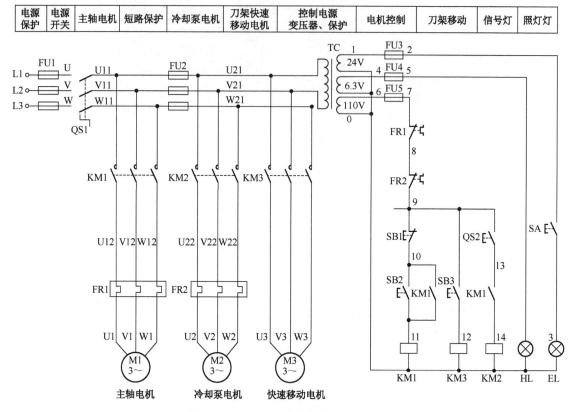

图 8.2　CA6140 型卧式车床电气原理图

② 冷却泵电动机 M2 的控制

主轴电机 M1 与冷却电机 M2 两台电机之间实现顺序控制。只有当电机 M1 启动运转后，合上旋钮开关 QS2，KM2 才会得电，其主触点闭合使电机 M2 运转。

③ 刀架的快速移动电机 M3 的控制

刀架快速移动的电路为点动控制，刀架移动方向的改变，是由进给操作手柄配合机械装置来实现的。如需要快速移动，按下按钮 SB3 即可。

（3）照明、信号电路分析

照明灯 EL 和指示灯 HL 的电源分别由控制变压器 TC 二次侧输出 24V 和 6.3V 电压提供。开关 SA 为照明开关。熔断器 FU3 和 FU4 分别作为指示灯 HL 和照明灯 EL 的短路保护。

8.2.2　CA6140 型车床电气运行操作

掌握 CA6140 型卧式车床电气装置的运行操作，有利于其电气维修。

1．准备工作

（1）查看装置背面各电器元件上的接线是否牢固，各熔断器是否安装良好；
（2）独立安装好接地线，设备下方垫好绝缘垫，将各开关置分断位；
（3）插上三相电源。

2．操作运行

（1）使装置中漏电保护部分接触器先吸合，再合上 QS1，电源指示灯亮；
（2）按 SB3，快速移动电动机 M3 工作；
（3）按 QS2，冷却电动机 M2 工作，相应指示灯亮；
（4）按 SB2，主轴电动机 M1 正转，相应指示灯亮，按 SB1，主轴电动机 M1 停止。

8.2.3　CA6140 型车床电气线路故障排除

1．训练内容

（1）用通电试验方法判断车床电气故障。
（2）用万用表等工具查找车床电气故障点并排除故障。

2．所需器材

TKJC-1B 型柜式机床电气技能培训考核鉴定实训装置，万用表等。

3．电气故障设置原则

（1）人为设置的故障点，必须是模拟机床在使用过程中，由于受到振动、受潮、高温、异物侵入、电动机负载及线路长期过载运行、启动频繁、安装质量低劣和调整不当等原因造成的"自然"故障。

（2）切忌设置改动线路、换线、更换电器元件等由于人为原因造成的非"自然"的故障点。

（3）故障点的设置，应做到隐蔽且设置方便，除简单控制线路外，两处故障一般不宜设置在单独支路或单一回路中。

（4）对于设置一个以上故障点的线路，其故障现象应尽可能不要相互掩盖。否则学生在检修时，若检查思路尚清楚，但检修到定额时间的 2/3 还不能查出一个故障点时，可作适当的提示。

（5）应尽量不设置容易造成人身或设备事故的故障点，如有必要时，教师必须在现场密切注意学生的检修动态，随时作好采取应急措施的准备。

（6）设置的故障点，必须与学生应该具有的修复能力相适应。

4．设置电气故障

根据机床电气故障的设置原则，设置 CA6140 型卧式车床电气故障 10 处，如图 8.3 所示。

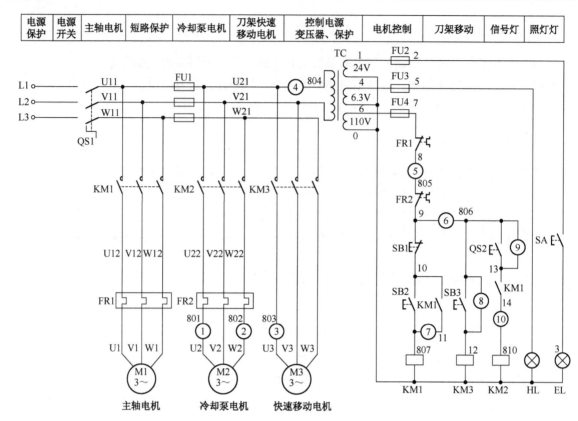

图 8.3　CA6140 型卧式车床电气故障说明图

5. CA6140 型卧式车床电气控制线路故障说明

CA6140 型卧式车床电气控制线路故障说明如表 8.1 所示。

表 8.1　CA6140 型卧式车床电气控制线路故障说明

故障开关	故障现象	备注
K1	冷却泵不工作	按下 QS2，冷却电机噪声很大
K2	冷却泵不工作	按下 QS2，冷却电机噪声很大
K3	快速电机不能启动	按下 SB3，快速电机噪声很大
K4	机床不能启动	主轴、冷却泵和快速移动电机都不能启动
K5	机床不能启动	主轴、冷却泵和快速移动电机都不能启动 电源、照明正常
K6	冷却泵、快速电机不能启动	主轴正常
K7	主轴电机不能自锁	主轴电机只能点动控制
K8	通电后快速电机就启动	
K9	主轴和冷却电机同时启动	
K10	冷却泵不工作	按下 QS2，无任何反应

6. 训练步骤

（1）先熟悉原理，再进行正确的通电试车操作。

（2）熟悉电器元件的安装位置，明确各电器元件作用。

（3）教师示范故障分析检修过程（故障可人为设置）。

（4）教师设置让学生知道的故障点，指导学生如何从故障现象着手进行分析，逐步引导到采用正确的检查步骤和检修方法。

（5）教师设置人为的自然故障点，由学生检修。

7．训练要求

（1）学生应根据故障现象，先在原理图中正确标出最小故障范围的线段，然后采用正确的检查和排故方法并在定额时间内排除故障。

（2）排除故障时，必须修复故障点，不得采用更换电器元件、借用触点及改动线路的方法，否则，以不能排除故障点扣分。

（3）检修时，严禁扩大故障范围或产生新的故障，并不得损坏电器元件。

8．注意事项

（1）设备应在指导教师指导下操作，安全第一。设备通电后，严禁在电器侧随意扳动电器件。进行排故训练，尽量采用不带电检修。若带电检修，则必须有指导教师在现场监护。

（2）必须安装好各电机、支架接地线、设备下方垫好绝缘橡胶垫，厚度不小于 8mm，操作前要仔细查看各接线端，有无松动或脱落，以免通电后发生意外或损坏电器。

（3）在操作中若发出不正常声响，应立即断电，查明故障原因待修。故障噪声主要来自电机缺相运行，接触器、继电器吸合不正常等。

（4）发现熔芯熔断，应找出故障后，方可更换同规格熔芯。

（5）在维修设置故障中不要随便互换线端处号码管。

（6）操作时用力不要过大，速度不宜过快；操作频率不宜过于频繁。

（7）训练结束后，应拔出电源插头，将各开关置分断位。

9．考核评价

考核内容与评价标准如表 8.2 所示。

表 8.2　评价表

任务名称	CA6140 型卧式车床电气线路故障排除		合计得分：	
专业能力（70%）			得分：	
训练内容	考核内容	评分标准	自评	师评
设置 4 处电气线路故障，对其故障排除（70 分）	（1）指出故障点； （2）用万用表测出故障点并能说明故障原因	（1）每漏掉 1 处故障扣 10 分； （2）用万用表测出故障点并能说明故障原因 20 分		
社会能力（30%）			得分：	
评价类别	考核内容		自评	师评
团队协作（10 分）	小组成员合作，对小组的贡献			
敬业精神（10 分）	遵守纪律，爱岗敬业，吃苦耐劳			
决策能力（10 分）	明确工作目标，明确工作方法			
评价评语	姓名：	班级：		
	组长签字：	教师签字：		

8.3 X62W 型铣床电气维修

铣床是指主要用铣刀在工件上加工各种表面的机床。它可以加工平面、沟槽，也可以加工各种曲面、齿轮等。铣床除能铣削平面、沟槽、轮齿、螺纹和花键轴外，还能加工比较复杂的型面，效率较刨床高，在机械制造和修理部门得到广泛应用。

铣床电气控制线路与机械系统的配合十分密切，其电气线路的正常工作往往与机械系统的正常工作是分不开的，这就是铣床电气控制线路的特点。正确判断是电气还是机械故障和熟悉机电部分配合情况，是迅速排除电气故障的关键。这就要求维修电工不仅要熟悉电气控制线路的工作原理，而且还要熟悉有关机械系统的工作原理及机床操作方法。

8.3.1 X62W 型铣床结构及运动形式

1. X62W 型万能铣床主要结构

X62W 型万能铣床的外形结构如图 8.4 所示，它主要由床身、主轴、刀杆、悬梁、工作台、回转盘、横溜板、升降台、底座等部分组成。

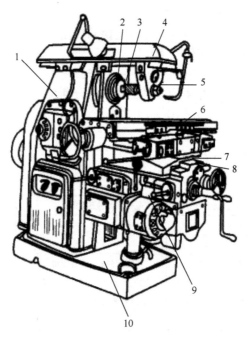

1—床身（立柱）；2—主轴；3—刀杆；4—悬梁；5—支架；

6—工作台；7—回转盘；8—横溜板；9—升降台；10—底座

图 8.4 X62W 型万能铣床外部结构图

2．运动形式

（1）主轴转动是由主轴电动机通过弹性联轴器来驱动传动机构，当机构中的一个双联滑动齿轮块啮合时，主轴即可旋转。

（2）工作台面的移动由进给电动机驱动，它通过机械机构使工作台能进行 3 种形式、6 个方向的移动，即：工作台面能直接在溜板上部可转动部分的导轨上作纵向左、右移动；工作台面借助横溜板作横向前、后移动；工作台面还能借助升降台作垂直上、下移动。

3．X62W 型万能铣床对电气线路的要求

（1）机床要求有 3 台电动机，分别为主轴电动机、进给电动机和冷却泵电动机。

（2）由于加工时有顺铣和逆铣两种，因此要求主轴电动机能正反转及在变速时能瞬时冲动一下，以利于齿轮的啮合，并要求还能制动停车和实现两地控制。

（3）工作台的 3 种运动形式、6 个方向的移动是依靠机械的方法来达到的，对进给电动机要求能正反转，且要求纵向、横向、垂直 3 种运动形式相互间应有联锁，以确保操作安全。同时要求工作台进给变速时，电动机也能瞬间冲动、快速进给及两地控制等要求。

（4）冷却泵电动机只要求正转。

（5）进给电动机与主轴电动机需实现两台电动的联锁控制，即主轴工作后才能进行进给。

8.3.2　X62W 型铣床电气线路分析

X62W 型万能铣床电气控制原理图是由主电路、控制电路和照明电路三部分组成，如图 8.5 所示。

1．主电路

主电路有 3 台电动机。M1 是主轴电动机；M2 是进给电动机；M3 是冷却泵电动机。

（1）主轴电动机

M1 通过换相开关 SQ5 与接触器 KM1 配合，能进行正反转控制，而与接触器 KM2、制动电阻器 R 及速度继电器的配合，能实现串电阻瞬时冲动和正反转反接制动控制，并能通过机械进行变速。

（2）进给电动机

M2 能进行正反转控制，通过接触器 KM3、KM4 与行程开关及 KM5、牵引电磁铁 YA 配合，能实现进给变速时的瞬时冲动、6 个方向的常速进给和快速进给控制。

（3）冷却泵电动机 M3 只能正转。

（4）熔断器 FU1 作机床总短路保护，也兼作 M1 的短路保护；FU2 作为 M2、M3 及控制变压器 TC、照明灯 EL 的短路保护；热继电器 FR1、FR2、FR3 分别作为 M1、M2、M3 的过载保护。

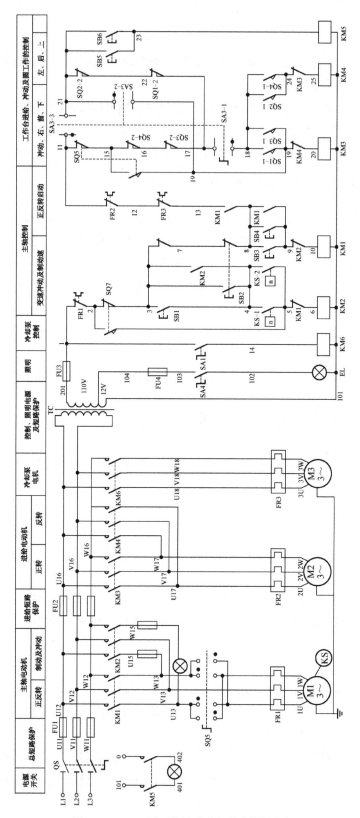

图 8.5　X62W 型万能铣床电气控制原理图

2. 控制电路

（1）主轴电动机的控制

铣床主轴电气控制线路如图 8.6 所示。

① SB1、SB3 与 SB2、SB4 是分别装在机床两边的停止、制动、和启动按钮，实现两地控制，方便操作。

② KM1 是主轴电动机启动接触器，KM2 是反接制动和主轴变速冲动接触器。

③ SQ6 是与主轴变速手柄联动的瞬时动作行程开关。

④ 主轴电动机需启动时，要先将 SA5 扳到主轴电动机所需要的旋转方向，然后再按启动按钮 SB3 或 SB4 来启动电动机 M1。

⑤ M1 启动后，速度继电器 KS 的一对常开触点闭合，为主轴电动机的停转制动作好准备。

⑥ 停车时，按停止按钮 SB1 或 SB2 切断 KM1 电路，接通 KM2 电路，改变 M1 的电源相序进行串电阻反接制动。当 M1 的转速低于 120 转/分时，速度继电器 KS 的一对常开触点恢复断开，切断 KM2 电路，M1 停转，制动结束。

据以上分析可写出主轴电机转动即按 SB3 或 SB4 时控制线路的通路：1－2－3－7－8－9－10－KM1 线圈－0；主轴停止与反接制动即按 SB1 或 SB2 时的通路：1－2－3－4－5－6－KM2 线圈－0。

⑦ 主轴电动机变速时的瞬时冲动控制，是利用变速手柄与冲动行程开关 SQ6 通过机械上联动机构进行控制的。

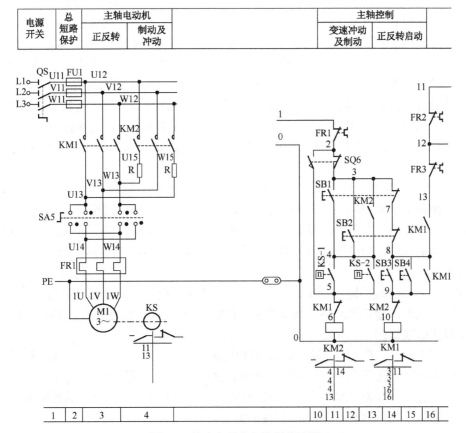

图 8.6　铣床主轴电气控制线路图

变速时，先下压变速手柄，然后拉到前面，当快要落到第二道槽时，转动变速盘，选择需要的转速。此时凸轮压下弹簧杆，使冲动行程 SQ6 的常闭触点先断开，切断 KM1 线圈的电路，电动机 M1 断电；同时 SQ6 的常开触点后接通，KM2 线圈得电动作，M1 被反接制动。当手柄拉到第二道槽时，SQ6 不受凸轮控制而复位，M1 停转。接着把手柄从第二道槽推回原始位置时，凸轮又瞬时压动行程开关 SQ6，使 M1 反向瞬时冲动一下，以利于变速后的齿轮啮合。图 8.7 所示为主轴变速冲动控制示意图。但要注意，无论是开车还是停车，都应以较快的速度把手柄推回原始位置，以免通电时间过长，引起 M1 转速过高而打坏齿轮。

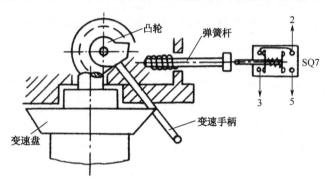

图 8.7　主轴变速冲动控制示意图

（2）工作台进给电动机的控制

工作台的纵向、横向和垂直运动都由进给电动机 M2 驱动，接触器 KM3 和 KM4 使 M2 实现正反转，用以改变进给运动方向。它的控制电路采用了与纵向运动机械操作手柄联动的行程开关 SQ1、SQ2 和横向及垂直运动机械操作手柄联动的行程开关 SQ3、SQ4 组成复合联锁控制。即在选择 3 种运动形式的 6 个方向移动时，只能进行其中 1 个方向的移动，以确保操作安全，当这两个机械操作手柄都在中间位置时，各行程开关都处于未压的原始状态。

在机床接通电源后，将控制圆工作台的组合开关 SA3 扳到断开，使触点 SA3-1（17-18）和 SA3-3（12-21）闭合，而 SA3-2（19-21）断开，然后启动 M1，这时接触器 KM1 吸合，使 KM1（9-12）闭合，就可进行工作台的进给控制。M2 电机在主轴电机 M1 启动后才能进行工作。

① 工作台左右运动（在水平方向上）的控制。工作台的左右运动是由进给电动机 M2 驱动，由纵向操纵手柄来控制。此手柄是复式的，一个安装在工作台底座的顶面中央部位，另一个安装在工作台底座的左下方。手柄有 3 个：向左、向右、零位。当手柄扳到向右或向左运动方向时，手柄的联动机构压下行程 SQ1 或 SQ2，使接触器 KM3 或 KM4 动作，控制进给电动机 M2 的正反转。

工作台左右运动的行程，可通过调整安装在工作台两端的撞铁位置来实现。当工作台纵向运动到极限位置时，撞铁撞动纵向操纵手柄，使它回到零位，M2 停转，工作台停止运动，从而实现了纵向终端保护。

工作台向左运动：在 M1 启动后，将纵向操作手柄扳至向左位置，一方面机械接通纵向离合器，同时在电气上压下 SQ2，使 SQ2-2 断开，SQ2-1 接通，而其他控制进给运动的行程开关都处于原始位置，此时使 KM4 吸合，M2 反转，工作台向左进给运动。其控制电路的通路为 12－15－16－17－18－24－25－KM4 线圈－0。

工作台向右运动：当纵向操纵手柄扳至向右位置时，机械上仍然接通纵向进给离合器，但却压动了行程开关 SQ1，使 SQ1-2 断开，SQ1-1 接通，使 KM3 吸合，M2 正转，工作台向右进给运动，其通路为 12—15—16—17—18—19—20—KM3 线圈—0。

②　工作台上下和前后运动的控制。工作台的上下和前后运动，由上下和前后进给手柄操纵。此手柄也是复式的，有两个完全相同的手柄分别装在工作台左侧的前、后方。手柄的联动机械一方面压下行程开关 SQ3 或 SQ4，同时能接通上下或前后进给离合器。

操纵手柄有（上、下、前、后、中间）5 个位置，5 个位置是联锁的，工作台的上下和前后的终端保护是利用装在床身导轨旁与工作台座上的撞铁，将操纵十字手柄撞到中间位置，使 M2 断电停转。

工作台向前或者向下运动的控制：将十字操纵手柄扳至向前或者向下位置时，机械上接通前后进给或者上下进给离合器，同时压下 SQ3，使 SQ3-2 断，SQ3-1 通，使 KM3 吸合，M2 正转，工作台向前或者向下运动。其通路为 12—21—22—17—18—19—20—KM3 线圈—0；

工作台向后或向上运动的控制：将十字操纵手柄扳至向后或向上位置时，机械上接通前后进给或上下进给离合器，同时压下 SQ4，使 SQ4-2 断开，SQ4-1 接通，使 KM4 吸合，M2 反转，工作台向后或向上运动。其通路为：12—21—22—17—18—24—25—KM4 线圈—0。

③　进给电动机变速时的瞬时冲动控制。变速时，为使齿轮易于啮合，进给变速与主轴变速一样，设有变速冲动环节。当需要进行进给变速时，应将转速盘的蘑菇形手轮向外拉出并转动转速盘，把所需进给量的标尺数字对准箭头，然后再把蘑菇形手轮用力向外拉到极限位置并随即推向原位，就在一次操纵手轮的同时，其连杆机构二次瞬时压下行程开关 SQ5，使 KM3 瞬时吸合，M2 作正向瞬动。

其通路为 12—21—22—17—16—15—19—20—KM3 线圈—0，由于进给变速瞬时冲动的通电回路要经过 SQ1-SQ4 4 个行程开关的常闭触点，因此只有当进给运动的操作手柄都在中间停止位置时，才能实现进给变速冲动控制，以保证操作时的安全。同时，与主轴变速时冲动控制一样，电动机的通电时间不能太长，以防止转速过高，在变速时打坏齿轮。

④　工作台的快速进给控制。为提高劳动生产率，要求铣床在不做铣切加工时，工作台能快速移动。

工作台快速进给也是由进给电动机 M2 来驱动，在左右、前后和上下 3 种运动形式、6 个方向上都可以实现快速进给控制。

主轴电动机启动后，将进给操纵手柄扳到所需位置，工作台按照选定的速度和方向做常速进给移动时，再按下快速进给按钮 SB5 或 SB6，使接触器 KM5 通电吸合，接通牵引电磁铁 YA，电磁铁通过杠杆使摩擦离合器合上，减少中间传动装置，使工作台按运动方向做快速进给运动。当松开快速进给按钮时，电磁铁 YA 断电，摩擦离合器断开，快速进给运动停止，工作台仍按原常速进给时的速度继续运动。

（3）圆工作台运动的控制

铣床如需铣切螺旋槽、弧形槽等曲线时，可在工作台上安装圆形工作台及其传动机械，圆形工作台的回转运动也是由进给电动机 M2 传动机构驱动的。

圆工作台工作时，应先将进给操作手柄都扳到中间停止位置，然后将圆工作台组合开关 SA3 扳到圆工作台接通位置。此时 SA3-1 和 SA3-3 断开，SA3-2 接通。准备就绪后，按下主轴启动按钮 SB3 或 SB4，则接触器 KM1 与 KM3 相继吸合。主轴电机 M1 与进给电机 M2 相继启动并运转，而进给电动机仅以正转方向带动圆工作台作定向回转运动。其通路为 12—15—16—17—22—21—19—20—KM3 线圈—0，由上可知，圆工作台与工作台进给有互锁，即当圆工作台工作时，不允许工作台在左右、前后、上下方向上有任何运动。若误操作而扳动进给运动操纵手柄，即压下SQ1—SQ4、SQ5 中任一个时，M2 即停转。

8.3.3　X62W 型铣床电气运行操作

掌握 X62W 型万能铣床电气装置的运行操作，有利于其电气维修。

1．准备工作

（1）查看各电器元件上的接线是否紧固，各熔断器是否安装良好。
（2）独立安装好接地线，设备下方垫好绝缘垫，将各开关置分断位置。
（3）插上三相电源。

2．操作试运行

插上电源后，各开关均应置分断位置。参看电气原理图，按下列步骤进行机床电气模拟操作运行：

（1）使装置漏电保护装置接触器先吸合，合上闸刀开关 QS，此时"电源指示"灯亮，说明模板电源已接通。
（2）SA5 置左位或右位，电机 M1"正转"或"反转"指示灯亮，说明主轴电机可能运转的转向。
（3）旋转 SA4 开关，"照明"灯亮。转动 SA1 开关，"冷却泵电机"工作，指示灯亮。
（4）按下 SB3 按钮或 SB1 按钮，电机 M1 启动或反接制动；按下 SB4 按钮或 SB2 按钮，M1 启动或反接制动。注意：不要频繁操作"启动"与"停止"，以免电器过热而损坏。
（5）主轴电机 M1 变速冲动操作。实际机床的变速是通过变速手柄的操作，瞬间压动 SQ6 行程开关，使电机产生微转，从而能使齿轮较好实现换挡啮合。

本模板要用手动操作 SQ6，模仿机械的瞬间压动效果：采用迅速的"点动"操作，使电机 M1 通电后，立即停转，形成微动或抖动。操作要迅速，以免出现"连续"运转现象。当出现"连续"运转时间较长，会使 R 发烫。此时应拉下闸刀后，重新送电操作。

（6）主轴电机 M1 停转后，可转动 SA5 转换开关，按"启动"按钮 SB3 或 SB4，使电机换向。
（7）进给电机控制操作 SA3 开关状态：SA3-1、SA3-3 闭合，SA3-2 断开。

实际机床中的进给电机 M2 用于驱动工作台横向前、后、升降和纵向左、右移动的动力源，均通过机械离合器来实现控制"状态"的选择，电机只做正、反转控制，机械"状态"手柄与电气开关的动作对应关系如下。

工作台横向、升降控制机床由"十"字复式操作手柄控制，既控制离合器又控制相应开关。
工作台向后、向上运动，电机 M2 反转，SQ4 压下；
工作台向前、向下运动，电机 M2 正转，SQ3 压下；
模板操作：按动 SQ4，M2 反转；按动 SQ3，M2 正转。
（8）工作台纵向左、右进给运动控制：SA3 开关状态同上。

实际机床专用一"纵向"操作手柄，既控制相应离合器，又压动对应的开关 SQ1 和 SQ2，使工作台实现了纵向的左和右运动。

模板操作：按动 SQ1，M2 正转。按动 SQ2，M2 反转。

（9）工作台快速移动操作。

在实际机床中，按动 SB5 或 SB6 按钮，电磁铁 YA 动作，改变机械传动链中中间传动装置，实现各方向的快速移动。

模板操作：在按动 SB5 或 SB6 按钮，KM5 吸合，相应指示灯亮。

（10）进给变速冲动功能与主轴冲动相同，便于换挡时，齿轮的啮合。

实际机床中变速冲动的实现：在变速手柄操作中，通过联动机构瞬时带动"冲动行程开关 SQ5"，使电机产生瞬动。

模拟"冲动"操作，按 SQ5，电机 M2 转动，操作此开关时应迅速压与放，以模仿瞬动压下效果。

（11）圆工作台回转运动控制：将圆工作台转换开关 SA3 扳到所需位置，此时，SA3-1、SA3-3 触点分断，SA3-2 触点接通。在启动主轴电机后，M2 电机正转，实际中即为圆工作台转动，此时工作台全部操作手柄扳在零位，即 SQ1～SQ4 均不压下。

8.3.4　X62W 型铣床电气线路故障排除

1．训练内容

（1）用通电试验方法判断铣床电气故障。

（2）用万用表等工具查找铣床电气故障点并排除故障。

2．所需器材

TKJC-1B 型柜式机床电气技能培训考核鉴定实训装置，万用表等。

3．X62W 型万能铣床的常见故障

（1）主轴停车时无制动

主轴停车时无制动，首先检查按下停止按钮 SB1 或 SB2 后，反接制动接触器 KM2 是否吸合。KM2 不吸合，则故障原因一定在控制电路部分，检查时可先操作主轴变速冲动手柄，若有冲动，故障范围就缩小到速度继电器和按钮支路上。若 KM2 吸合，则故障原因就较复杂一些，其一，是主电路的 KM2、R 制动支路中，至少有缺相的故障存在；其二，是速度继电器的常开触点过早断开，但在检查时，只要仔细观察故障现象，这两种故障原因是能够区别的，前者的故障现象是完全没有制动作用，而后者则是制动效果不明显。

以上分析可知，主轴停车时无制动的故障原因，较多是由于速度继电器 KS 发生故障引起的。例如，KS 常开触点不能正常闭合，其原因有推动触点的胶木摆杆断裂；KS 轴伸端圆销扭弯、磨损或弹性连接元件损坏；螺丝销钉松动或打滑等。若 KS 常开触点过早断开，其原因有 KS 动触点的反力弹簧调节过紧、KS 的永久磁铁转子的磁性衰减等。

应该说明，机床电气的故障不是千篇一律的，所以在维修中，不可生搬硬套，而应该采用理论与实践相结合的灵活处理方法。

（2）主轴停车后产生短时反向旋转

主轴停车后产生短时反向旋转，这一故障一般是由于速度继电器 KS 动触点弹簧调整得过

松，使触点分断过迟引起，只要重新调整反力弹簧便可消除。

（3）按下停止按钮后主轴电机不停转

按下停止按钮后主轴电机不停转，产生该故障的原因有接触器 KM1 主触点熔焊、反接制动时两相运行、SB3 或 SB4 在启动 M1 后绝缘被击穿。这三种故障原因，在故障的现象上是能够加以区别的。例如，若按下停止按钮后，KM1 不释放，则故障可断定是由熔焊引起；若按下停止按钮后，接触器的动作顺序正确，即 KM1 能释放，KM2 能吸合，同时伴有嗡嗡声或转速过低，则可断定是制动时主电路有缺相故障存在；若制动时接触器动作顺序正确，电动机也能进行反接制动，但放开停止按钮后，电动机又再次自启动，则可断定故障由启动按钮绝缘击穿引起。

（4）工作台不能做向上进给运动

由于铣床电气线路与机械系统的配合密切和工作台向上进给运动的控制是处于多回路线路之中，因此，不宜采用按部就班地逐步检查的方法。在检查时，可先依次进行快速进给、进给变速冲动或圆工作台向前进给，向左进给及向后进给的控制，来逐步缩小故障的范围。一般可从中间环节的控制开始，然后再逐个检查故障范围内的元器件、触点、导线及接点，来查出故障点。在实际检查时，还必须考虑到由于机械磨损或移位使操纵失灵等因素，若发现此类故障原因，应与机修钳工互相配合进行修理。

下面假设故障点在图区 25 上的行程开关 SQ4-1，由于安装螺钉松动而移动位置，造成操纵手柄虽然到位，但触点 SQ4-1 仍不能闭合，在检查时，若进行进给变速冲动控制正常后，也就说明向上进给回路中，线路 12－21－22－17 是完好的，再通过向左进给控制正常，又能排除线路 17－18 和 24－25－0 存在故障的可能性。这样就将故障的范围缩小到 18－SQ4－1－24 的范围内。再经过仔细检查或测量，就能很快找出故障点。

（5）工作台不能做纵向即左右方向进给运动

工作台不能做纵向即左右方向进给运动，应先检查横向或垂直进给是否正常，如果正常，说明进给电动机 M2、主电路、接触器 KM3、KM4 及纵向进给相关的公共支路都正常，此时应重点检查图区 19 上的行程开关 SQ5（12-15）、SQ4-2 及 SQ3-2，即线号为 12－15－16－17 支路，因为只要三对常闭触点中有一对不能闭合，或连接的导线脱落就会使纵向不能进给。然后再检查进给变速冲动是否正常，如果也正常，则故障的范围已缩小到在 SQ5（12-15）及 SQ1-1、SQ2-1 上，但一般 SQ1-1、SQ2-1 两对常开触点同时发生故障的可能性甚小，而 SQ5（12-15）由于进给变速时，常因用力过猛而容易损坏，因此可先检查 SQ5 触点，直至找到故障点并予以排除。

（6）工作台各个方面都能进给

工作台各个方面都能进给，可先进行进给变速冲动或圆工作台控制，如果正常，则故障可能在开关 SA3-1 及引接线 17、18 号上，若进给变速也不能工作，要注意接触器 KM3 是否吸合，如果 KM3 不能吸合，则故障可能发生在控制电路的电源部分，即 12－15－16－18－20 号线路及 0 号线上，若 KM3 能吸合，则应着重检查主电路，包括电动机的接线及绕组是否存在故障。

（7）工作台不能快速进给

工作台不能快速进给，常见的故障原因是牵引电磁铁电路不通，多数是由线头脱落、线圈损坏或机械卡死引起。如果按下 SB5 或 SB6 后接触器 KM5 不吸合，则故障在控制电路部分，若 KM5 能吸合，且牵引电磁铁 YA 也吸合正常，则故障大多是由于杠杆卡死或离合器摩擦片间隙调整不当引起，应与机修钳工配合进行修理。需强调的是在检查 12－15－16－17 支路和

12－21－22－17 支路时，一定要把 SA3 开关扳到中间空挡位置，否则，由于这两条支路是并
联的，将检查不出故障点。

4．设置 X62W 型万能铣床电气故障

根据机床电气故障设置原则，设置 X62W 型万能铣床电气故障 23 处，如图 8.8 所示。

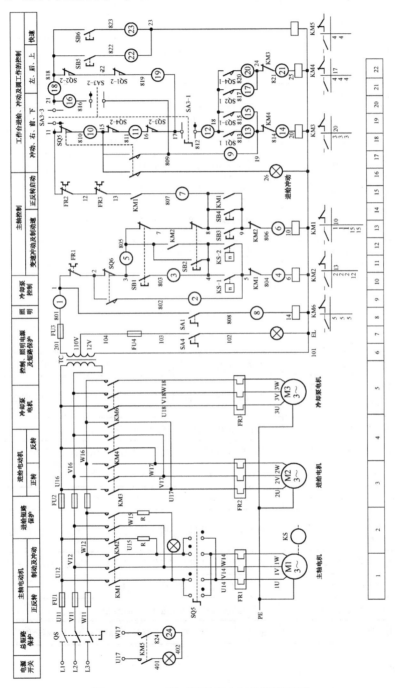

图 8.8　X62W 型万能铣床电气故障说明图

5. X62W 型万能铣床设置的电气故障说明

X62W 型万能铣床设置的电气故障说明如表 8.3 所示。

表 8.3　X62W 型万能铣床电气故障说明

故障开关	故障现象	备　注
K1	主轴、进给均不能启动	照明工作正常
K2	主轴无变速冲动	主电机的正、反转及停止制动均正常
K3	按停止 1 时无制动	停止 2 制动正常
K4	主轴电机无制动	按停止 1、停止 2 停止时主轴均无制动
K5	主轴电机不能启动	主轴不能启动，按下主轴冲动可以冲动
K6	主轴不能启动	主轴不能启动，按主轴冲动可以冲动
K7	进给电机不能启动	主轴能启动，进给电机不能启动
K8	冷却泵电机不能启动	主轴能启动，进给电机能启动
K9	进给电机不能变速冲动、圆工作台不能工作	主轴能启动，进给电机能启动
K10	进给电机不能启动	能进行进给变速冲动，圆工作台工作不正常、上（后）下（前）可以动作
K11	进给电机工作不正常	工作台左右没有，上（后）下（前）可以动作、圆工作台没有，进给冲动没有
K12	工作台不能进给	圆工作台工作正常，能进行进给变速冲动
K13	工作台不能右进给	向左、向上（或向后）、向下（或向前）进给正常，能进行进给变速冲动，圆工作台工作正常
K14	进给电机不能正转	进给变速无冲动，向右、向下（或向前）进给不正常，圆工作台不动作
K15	工作台不能向下（或向前）进给	圆工作台不工作时，不能向下（或向前）进给，其他方向进给正常
K16	圆工作台不工作	能进行进给变速冲动，其他方向进给正常
K17	工作台不能向左进给	圆工作台不工作时，不能向左进给，其他方向进给正常
K18	圆形工作台不能工作	不能进给冲动、上（后）下（前）不动作
K19	圆形工作台不能工作	不能进给冲动，上（后）下（前）不动作
K20	工作台不能向上（或向后）进给	圆工作台不工作时，不能向上（或向后）进给，其他方向进给正常
K21	进给电机不能反转	圆工作台工作正常，圆工作台不工作时，不能左进给，不能上（或后）进给
K22	只能一地快进操作	进给电机启动后，按快进按钮不能快进
K23	只能一地快进操作	进给电机启动后，按快进按钮不能快进
K24	电磁阀不动作	进给电机启动后，按下快进按钮，KM5 吸合，YA 不动作

6. 考核评价

考核内容与评价标准如表 8.4 所示。

表 8.4　评价表

任务名称	X62W 型万能铣床电气线路故障排除		合计得分：	
专业能力（70%）			得分：	
训练内容	考核内容	评分标准	自评	师评
设置 4 处电气线路故障，对其故障排除（10 分）	（1）指出故障点 （2）用万用表测出故障点并能说明故障原因	（1）每漏指 1 处故障扣 10 分 （2）用万用表测出故障点并能说明故障原因 20 分		
社会能力（30%）			得分：	
评价类别	考核内容		自评	师评
团队协作（10 分）	小组成员合作，对小组的贡献			
敬业精神（10 分）	遵守纪律，爱岗敬业，吃苦耐劳			
决策能力（10 分）	明确工作目标，明确工作方法			
评价评语	姓名：　　　　　　　　班级：			
	组长签字：　　　　　　教师签字：			

8.4　M1432 型磨床电气维修

万能外圆磨床主要以磨削圆柱形或圆锥形的外圆表面和内孔为主。M1432 型万能外圆磨床的外磨砂轮、内磨砂轮、工件、油泵及冷却，均以单独的电机驱动；工作台纵向运动，可由液压驱动，也可用手轮摇动；砂轮架横向快速进退由液压驱动，其进给运动由手轮机构实现。

8.4.1　M1432 型外圆磨床结构和电气控制

1．M1432 型万能外圆磨床结构组成及功能

M1432 型万能外圆磨床结构如图 8.9 所示。

在床身上安装着工作台和砂轮架，并通过工作台支撑着头架及尾架等部件，车身内部用作液压油的储油池。头架用于安装及夹持工件，并带动工件旋转。砂轮架用于支持并传动砂轮轴。砂轮架可沿床身上的滚动导轨前后移动，实现工作进给及快速进退。内圆磨床用于支撑磨内孔的砂轮主轴，由单独电动机经常传动。尾架用于支持工件，它和头架的前顶尖一起把工作沿轴线顶牢。工作台由上工作台和下工作台两部分组成，上工作台可相对于下工作台偏转一定角度，用于磨削锥度较小的长圆锥面。

M1432 型万能外圆磨床的主运动是砂轮架（或内圆磨具）主轴带动砂轮做高速旋转运动；头架主轴带动工件做旋转运动；工作台做纵向（轴向）往复运动和砂轮架做横向（径向）进出运动。辅助运动是砂轮架的快速进退运动和尾架套筒的快速退回运动。

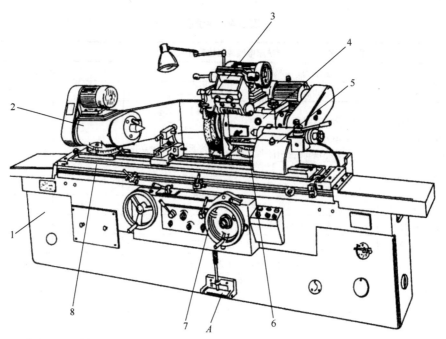

1—床身；2—头架；3—内圆磨具；4—砂轮架；5—尾座；6—滑鞍；7—手轮；8—工作台

图 8.9　M1432 型万能外圆磨床结构

2．动力组成及功能

M1432 型万能外圆磨床共用 5 台电动机驱动，分别为油泵电动机 M1、头架电动机 M2、内圆砂轮电动机 M3、外圆砂轮电动机 M4 和冷动泵电动机 M5。

（1）砂轮的旋转运动。

砂轮只需单方向旋转，内圆砂轮主轴由内圆砂轮电动机 M3 经传送带直接驱动，外圆砂轮主轴由砂轮架电动机（外圆砂轮电动机）M4 经 V 带直接传动。内圆砂轮和外圆砂轮不允许同时工作。当内圆磨头插入工作内腔时，砂轮架不允许快速移动，以免造成事故。

（2）头架带动工作的旋转运动。

根据工件直径的大小和粗磨或精磨要求的不同，头架的转速是需要调整的。头架带动工件的旋转运动是通过安装在头架上的头架电动机（双速）M2 经塔轮式传动带传动，再经两组 V 带传动，带动头架的拨盘或卡盘旋转，从而获得 6 级不同的转速。

（3）工作台的纵向往复运动。

工作台的纵向往复运动采用了液压传动，以实现运动及换向的平衡和无级调整。另外，砂轮架周期自动进给和快速进退、尾架套筒快速退回及导轨润滑等也是采用液压传动来实现的。液压泵由油泵电动机 M1 驱动，只有油泵电动 M1 启动后，其他电动机才能启动。

（4）冷动泵电动机 M5 驱动冷却泵旋转供给砂轮和工作切削液。

3．M1432 型万能外圆磨床电气线路的工作原理

M1432 型万能外圆磨床是一种普通精度级外圆磨床，可以用来加工外圆柱面及外圆锥面，利用磨床上配备的内圆磨具，还可以磨削内圆柱面和内圆锥面，也可磨削阶梯轴的轴肩和端平面。

M1432 型万能外圆磨床电气原理图分为主电路、控制电路和照明指示电路三部分，如

图 8.10 所示。

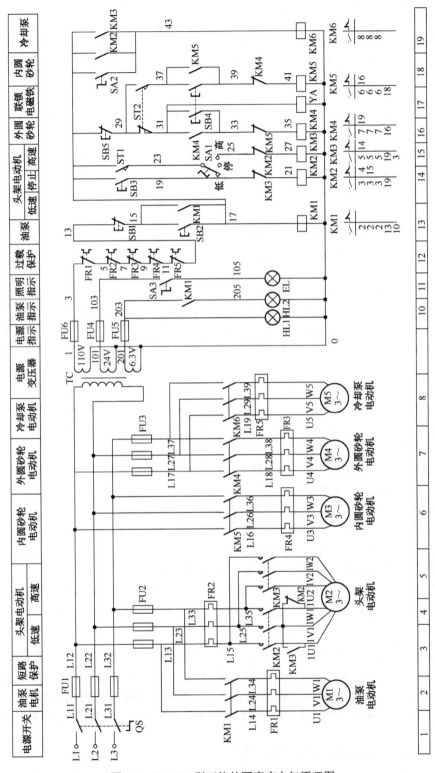

图 8.10 M1432 型万能外圆磨床电气原理图

（1）主电路

主电路中共有 5 台电动机，其中 M1 是油泵电动机，由接触器 KM1 控制；M2 是头架电动机，由接触器 KM2、KM3 实现低速和高速控制；M3 是内圆砂轮电动机，由接触器 KM5 控制；M4 是外圆砂轮电动机，由接触器 KM4 控制；M5 是冷却泵电动机，由 KM6 控制。熔断器 FU1 作为线路总的短路保护，熔断器 FU2 作为 M1 和 M2 的短路保护，熔断器 FU3 作为 M3 和 M5 的短路保护。这 5 台电动机均用热继电器作为过载保护。

（2）控制电路

控制变压器 TC 将 380V 的交流电压降为 110V 供给控制电路，由熔断器 FU8 提供短路保护。

① 油泵电动机 M1 的控制。按下 SB2，KM1 线圈通电，其辅助触点（13 区）闭合自锁，油泵电动机 M1 启动，KM1 常开触点（10 区）闭合，指示灯 HL2 亮。

按下 SB1，KM1 线圈失电，油泵电动机 M1 停转，灯 HL2 熄灭。

由于其他电动机的控制电源线接于 KM1 辅助常开触点下侧，实现了与油泵电动机的顺序控制，保证了只有当油泵电动机 M1 启动后，其他电动机才能启动的控制要求。

② 头架电动机 M2 的控制。SA1 是头架电动机 M2 的转速选择开关，分"低""停""高"三挡位置。

将 SA1 拨至"低"挡，按下 SB2，油泵电动机 M1 启动，通过液压传动使砂轮架快速前进，接近工件时压合 SQ1，KM2 得电，头架电动机接成△形低速启动运转。

如将 SA1 拨至"高"挡，按下 SB2，油泵电动机 M1 启动，通过液压传动使砂轮架快速前进，接近工件时压合 SQ1，KM3 得电，头架电动机接成 YY 形高速启动运转。

SB3 是低速点动控制按钮，以便对工件进行校正和调试。磨削完毕，砂轮架退回原位，位置开关 SQ1 复位断开，电动机 M2 自动停转。

③ 内、外圆砂轮电动机 M3 和 M4 的控制。由于内、外圆砂轮电动机不能同时启动，通过位置开关 SQ2 对它们实行联锁控制。当进行外圆磨削时，把砂轮架上的内圆磨具往上翻，它的后侧压住位置开关 SQ2。

SQ2 的常闭触点（18 区）断开，切断内圆砂轮 M3 的控制电路；SQ2 的常开触点（16 区）闭合，按下 SB4，KM4 线圈得电自锁。

外圆砂轮电动机 M4 启动，KM4 的常闭触点（18 区）断开，与 KM5 互锁。当进行内圆磨削时，把砂轮架上的内圆磨具往下翻，原被压下的 SQ2 复位。

按下 SB4，KM5 线圈得电，内圆砂轮电动机 M3 启动运转，电磁铁 YA 线圈得电动作，砂轮架快速进退的操纵手柄联手锁住，砂轮架不能快速退回。

内圆砂轮磨削时，砂轮架不允许快速退回，因为此时内圆磨头在工作的内孔，砂轮架若快速移动，易造成损坏磨头及工件报废的严重事故。为此，内圆磨床与砂轮架的快速退回进行了联锁。

④ 冷却泵电动机 M5 的控制。冷却泵电动机 M5 可与头架电动机 M2 同时运转，也可以单独启动和停止。当控制头架电动机 M2 的接触器 KM2 或 KM3 线圈得电动作时，KM2 或 KM3 的常开辅助触点闭合，使接触器 KM6 得电动作，冷却泵电动机 M5 随之自动启动。

修整砂轮时，不需要启动头架电动机 M2，但要启动冷却泵电动机 M5，这时可用开关 SA2 来控制冷却电动机 M5。

⑤ 照明及指示电路。控制变压器 TC 将 380V 的交流电压降为 24V 的安全电压供给照明电路，6V 的电压供给指示电路。照明灯 EL 由开关 SA3 控制，由熔断器 FU4 作短路保护。HL1 为刻度照明灯，HL2 为油泵指示灯，指示电路由熔断器 FU5 作短路保护。

8.4.2　M1432 型外圆磨床电气运行操作

掌握 M1432 型万能外圆磨床电气装置的运行操作，有利于其电气维修。

1．准备工作

（1）查看装置背面各电器元件上的接线是否牢固，各熔断器是否安装良好。
（2）独立安装好接地线，设备下方垫好绝缘垫，将各开关置分断位。
（3）插上三相电源。

2．操作运行

（1）使装置中漏电保护部分接触器先吸合，再合上 QS，电源指示灯亮。
（2）按 SB1，油泵电动机 M1 工作。
（3）按 SB3，头架电机 M2 点动工作，选择 SA1，头架电机 M2 低速或高速运转。
（4）按 SB4，再配合 ST2，外圆砂轮电机 M3 或内圆砂轮电机 M4 分别运转，按 SB5，外圆砂轮电机 M3 或内圆砂轮电机 M4 停止。
（5）打开 SA2，冷却泵电机 M5 运转。

8.4.3　M1432 型外圆磨床电气线路故障排除

1．训练内容

（1）用通电试验方法判断万能外圆磨床电气故障。
（2）用万用表等工具查找万能外圆磨床电气故障点并排除故障。

2．所需器材

TKJC-1B 型柜式机床电气技能培训考核鉴定实训装置、万用表等。

3．M1432 型万能外圆磨床常见电气故障

（1）5 台电动机都不能启动。

可能产生故障的原因：QS 故障或机床电源引入端缺相，FU1 或 FU4 故障，TC 变压器 110V 绕组故障，FR1～FR5 的常闭触点、SB1 常闭触点是否动作或接触不良，KM1 线圈断线或连线松脱、SB2 接触不良或连线松脱。

提示，在故障测量时，对于同一个线号至少有两个相关接线连接点，应根据电路逐一测量，判断是发球连接点处故障还是同一线号连接点之间的导线故障。

（2）油泵电动机 M1 和头架电动机 M2 不能工作，而内圆砂轮电动机 M3 和冷却泵电动机 M5 工作正常

由于内圆砂轮和冷却泵电动机能工作，故障应出在 M1、M2 主电路，多为 FU2 故障，电压交叉法测量、判断排除。

提示，主回路故障，为避免因缺相在检修试车过程中造成电动机损坏的事故，接触器主触点以下的部分最好断电后采用电阻法检测。

（3）头架电动机的"低速"挡能启动，"高速"挡不能启动。

接触器 KM3 不吸合，故障在 15 区 KM3 线圈支路；KM3 吸合，故障在 KM3 主电路。控制电路检查，可以 1 号端为参考点，对 25、27 号端点以电压法测量。

可能产生故障的原因：KM3 主触点接触不良或连线松脱或线圈开路；KM2 常闭断或连线松脱；SA1 接触不良或连线松脱。

（4）砂轮架的内圆磨具放下，油泵、头架电动机、冷却泵工作正常，按下 SB4，内圆砂轮不工作。

以交流接触器 KM5 是否吸合来区分是主电路还是控制电路故障。对于控制电路故障，采用电压法测量时，最好是在启动油泵后进行，分别以 0 号为参考点测量 29、37 号点，判断 SB5 和 SQ2 常闭触点是否有故障；然后再以 1 号为参考点测量 39、41 号点，判断 KM5 线圈、KM4 常闭触点、SB4 常开触点是否有故障。

4. 设置电气故障

根据机床电气故障设置原则，设置 M1432 型万能外圆磨床电气故障 21 处，如图 8.11 所示。

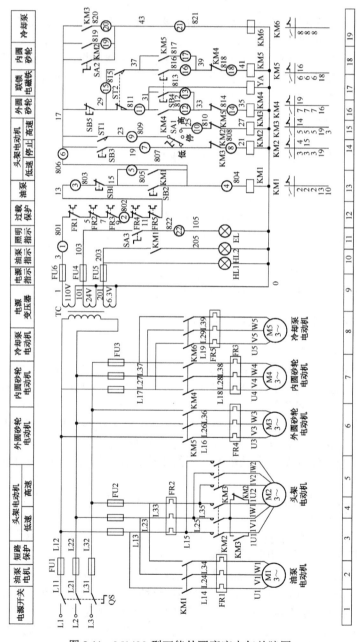

图 8.11　M1432 型万能外圆磨床电气故障图

5．M1432 型万能外圆磨床设置的电气故障说明

M1432 型万能外圆磨床设置的电气故障说明如表 8.5 所示。

表 8.5　M1432 型万能外圆磨床电气控制线路故障说明

故障开关	故障现象	备注
K1	电机都不能启动	照明、电源指示能亮
K2	电机都不能启动	照明、电源指示能亮
K3	电机都不能启动	照明、电源指示能亮
K4	油泵电机不能启动	按 SB2，油泵电机不能启动
K5	油泵电机能启动，但只能点动	按 SB2，油泵电机能点动
K6	油泵电机能启动，其余电机不能启动	
K7	头架电机高速能启动，低速不能启动	SB1 接触不良
K8	头架电机高速能启动，低速不能启动	KM2 线圈开路
K9	头架电机只能低速点动	SA1 接触不良
K10	头架电机低速能启动，高速不能启动	KM2 主触点接触不良
K11	外圆电机不能启动	电磁铁 YB 也不能吸合
K12	外圆电机只能点动	KM4 主触点接触不良
K13	外圆电机不能启动	SB4 接触不良
K14	外圆电机不能启动	KM4 线圈开路
K15	内圆电机不能启动	ST2 接触不良
K16	内圆电机不能启动	SB4 接触不良
K17	内圆电机不只点动	KM5 主触点接触不良
K18	内圆电机不能启动	KM5 线圈开路
K19	头架电机工作时冷却泵电机不工作	KM2 主触点接触不良
K20	头架电机工作时冷却泵电机不工作	KM3 主触点接触不良
K21	头架电机工作时冷却泵电机不工作	KM6 线圈开路
K22	照明灯不亮	打开关 SA3，照明灯没有亮

5．评价

评价标准如表 8.6 所示。

表8.6 评价表

任务名称	M1432型万能外圆磨床电气线路故障排除		合计得分:	
专业能力（70%）			得分:	
训练内容	考核内容	评分标准	自评	师评
设置4处电气线路故障，对其故障排除	（1）指出故障点； （2）用万用表测出故障点并能说明故障原因	（1）每漏指1处故障扣10分； （2）用万用表测出故障点并能说明故障原因20分		
社会能力（30%）			得分:	
评价类别	考核内容		自评	师评
团队协作（10分）	小组成员合作，对小组的贡献			
敬业精神（10分）	遵守纪律，爱岗敬业，吃苦耐劳			
决策能力（10分）	明确工作目标，明确工作方法			
评价评语	姓名：	班级：		
	组长签字：	教师签字：		

参 考 文 献

[1] 李伟著.机床电器与控制实训[M]. 北京：机械工业出版社，2007.

[2] 宗慧.机床电气控制[M]. 北京：中国劳动社会保障出版社，2011.

[3] 宋宏文，刘朝辉.维修电工操作实训教程[M]. 北京：北京航空航天大学出版社，2011.

[4] 董武，温晓玲，刘丽，等. 维修电工技能与实训[M]. 北京：电子工业出版社，2011.

[5] 王昭同.电工技能与实训[M]. 西安：西安电子科技大学出版社，2012.

[6] 薛向东，黄种明.电工电子实训教程[M]. 北京：电子工业出版社，2014.

[7] 杨丽丽.电工实训项目教程[M]. 北京：人民邮电出版社，2014.

[8] 沈振乾，史凤栋，杜启飞. 电工电子实训教程[M]. 北京：电子工业出版社，2014.

[9] 高宁. 电工电子实训教程[M]. 北京：国防工业出版社，2012.

[10] 张明金，范爱华，朱涛史，等. 电工技能训练[M]. 北京：电子工业出版社，2015.

[11] 殷佳琳，汪洋，朱永刚，等. 电工技能与工艺[M]. 北京：电子工业出版社，2015.

[12] 郑晓坤，李福军，薛明姬，等. 电工技术理实一体化教程[M]. 北京：电子工业出版社，2016.

[13] 浙江天科教仪设备有限公司. 柜式机床电气技能培训考核鉴定实训装置使用说明书，2015.